KB090388

개정판

The Professional Western Cooking

미래의 스타셰프를 위한

고급 서양요리

이흥구·반택기·이재상·양동휘 공저

The Professional Western Cooking

The Professional Western Cooking

경제성장에 따른 삶의 질 향상으로 다양한 문화적 욕구를 추구하게 되면서 외식문화의 비중이 날로 커지고 있습니다.

이러한 외식문화 발전은 단순히 일상의 먹는 행위를 넘어 몸의 건강은 물론 삶의 가치를 좌우하는 큰 부분을 차지하게 되었고, 이는 호텔은 물론 다양한 외식업체의 성장으로 이어지면서 음식문화의 다양화와 양적·질적인 성장을 이루게 하였습니다.

외식문화의 성장 이면에는 대내외적으로 많은 역할과 작용이 있었지만, 그 안에는 묵묵히 본인의 자리에서 책임을 다하고 있는 조리사들의 역할이 컸다고 할 수 있습니다. 필자는 현장에서의 경험과 후학의 교육을 통해 느꼈던 아쉬운 부분들과 필요한 부분들을 보완하여 조리를 배우는 학생이나 조리사의 길을 가고자 하는 분들에게 조금이나마 도움이 되었으면 하는 기대에서 이 책을 집필하게 되었습니다.

이 책은 서양조리의 이해, 주방의 의의와 이해, 기본 조리방법, 주방의 안전관리, 주방에서 사용되는 설비와 기구, 식재료의 이해, 그리고 서양조리 실기와 조리용어의 이해로 구성하였습니다.

이론적인 부분에서는 조리사 생활에서 알아야 할 주방관리이론을 중심으로 기술하였고, 실기에서는 전채, 수프, 샐러드, 생선과 해산물, 파스타와 피자, 육류, 샌드위치, 디저트로 나누어 기술하였습니다.

현장의 실무경험과 여러 선배님들의 격려와 의견을 수렴하여 심의를 다하여 집필하였으나 미흡한 부분이 있을 것이라 생각합니다. 선배님들의 많은 지도편달을 부탁드리며, 추후 내용을 보완·수정하여 보다 뜻깊고 알찬 내용이 될 수 있도록 노력하겠습니다.

끝으로, 이 책이 나오기까지 많은 도움과 격려를 아끼지 않고 좋은 말씀을 해주신 선·후배님들께 감사드리며, 어려운 상황에서도 물심양면 많은 도움을 주신 백산출판사의 진욱상 사장님 그리고 직원 여러분께 진심으로 감사드립니다.

2020년

저자 일동

The Professional
Western Cooking

Contents

제5장 주방에서 사용되는 설비와 기구

제6장 식재료의 이해

실기편

The Professional

The Professiona

Western Cooking

estern Cooking

이론편

- 서양조리의 이해
- 주방의 의의와 이해
- 기본 조리방법
- 주방의 안전관리
- 주방에서 사용되는 설비와 기구
- 식재료의 이해

The Professional Western Cooking

고 급 서 양 요 리 제 1 장

서양조리의 이해

1. 서양조리의 개요

요리는 그 지역의 자연환경과 함께 역사와 문화의 영향을 받기 때문에 그 지역의 식문화, 국민성, 자연환경, 지형적 위치를 이해하는 것이 무엇보다 중요하다. 따라서 서양요리는 유럽의 역사와 더불어 발전했다고 해도 과언이 아니다.

요리를 크게 동양요리와 서양요리로 구분할 때, 동양요리는 농경문화 중심으로 발달하여 젓가락과 숟가락을 사용하는 식문화가 발달하게 되었다. 서양요리는 목축문화가 기반이 되어 육류와 우유·유제품·유지를 많이 사용하였으며, 포크·나이프·스푼을 사용하는 식문화로 발전하게 되었다. 이에 영국의 음식문화는 육류를 이용한 로스트·스테이크·스튜가 유명하며, 독일은 돼지고기를 이용하여 만든 소시지와 가공품이 발달하였다.

서양요리를 대표하는 이탈리아·프랑스 요리 또한 그 지역의 기후 특산물 풍습 등에 따라 다양하고 특색 있게 개발되고 발전되어 왔다.

이 중에서도 프랑스 요리는 고도로 발달된 조리법과 세련된 맛을 지닌 서양요리의 대표라 할 수 있다. 프랑스 요리는 농·수산물, 축산물이 풍부하여 이를 이용한 식문화가 골고루 발달되었고 독특한 맛을 내는 데에는 포도주, 향신료, 소스가 많은 역할을 하고 있다. 이탈리아 요리는 우리에게 익숙한 피자나 파스타 등이 있으며 파스타 요리는 사용하는 면과 소스에 따라 다양한 조합이 가능하다. 신선한 해산물과 토마토를 이용한 음식이 주를 이루고 있으며 격식에 얽매이지 않고 가볍게 즐길 수 있는 것이 이탈리아 요리의 특징이다.

2. 서양조리의 역사

1) 서양조리의 역사

서양요리가 언제부터 시작되었는지 정확히 알 수는 없지만 동·서양 요리의 역사를 거슬러 올라가면 요리에는 커다란 차이점을 보이지 않을 것이다. 원시시대 날로 먹었던 식문화에서 불의 발견과 동시에 불을 사용하면서 음식을 조금 더 부드럽고 소화시키기 쉽게 조리했고 생명유지의 절대적인 식재료인 육류·어류·식물·열매 등의 채집과정에 있어서 조금 더 과학적인 도구를 개발하여 사용했을 것이다. 이렇게 시작된 요리의 역사를 우리는 유럽 전역에 있는 동굴벽화나 무덤 등을 통해 알 수 있으며, 이집트인들은 와인을 만들고 빵을 만들어 섭취했다는 것도 알 수 있다.

페르시아는 화려한 연회와 축제로 유명하며, 요리경진대회를 열어 우승자에게 수천 냥의 황금을 주기도 하고 새로운 요리를 개발한 사람에게도 상을 주었다고 한다. 그리스인들은 페르시아인들로부터 요리와 식사법을 배웠고 BC 15세기 중엽까지 그리스에서는 빈부에 따른 식사 내용의 차이가 거의 없었는데, 페이스트리와 보리죽·보리빵이 기본 음식이었다.

로마인들은 그리스인들의 요리보다 더욱 섬세하고 맛있는 그들만의 요리를 개발하였으며 연회나 식도락적인 축제가 발전 · 번창하였다.

14세기 이후에는 소스의 사용이 조리기술 중 최고로 평가되었고, 이 시대의 대연회에서는 화려한 요리들이 연출되었는데, 이 시기에 많은 조리기구들이 개발되었다.

16세기 초기까지 프랑스 요리는 영국 요리처럼 창조력이 없었으나 17세기 프랑수아 1세 치하에서 요리기술이 더욱 발전하였으며, 르네상스의 세련미가 요리에까지 파급되어 예술의 경지에 이르기 시작하였다.

루이 14세(1638~1715) 때는 프랑스 요리의 황금기였다. 세계의 중요한 회의는 모두 파리에서 열렸고, 국제용어도 당연히 프랑스어였기 때문에 오늘날 세계의 유명한 호텔 양식당 메뉴용어도 프랑스어로 되어 있다.

그 후 여러 사람들의 노력이 19세기까지 이어지고, 20세기에 접어들면서 오귀스트 에스코피에의 출현으로 지금까지의 프랑스 요리가 체계적으로 정리되었다.

2) 한국의 서양조리 역사

우리나라에 서양요리가 언제 전해졌는지 정확하게 알 수는 없지만 개화기 정도로 짐작할 수 있다.

한국에서의 서양요리 변천사는 호텔의 발달과도 밀접한 관계가 있으며 1888년 당시 인천에는 무역하는 상인이 많아 그곳에 최초의 서구식 호텔인 대불호텔을 건립하게 되었고, 양식을 초기에 맛본사람은 초대 주한 미국 공사 후트 장군을 처음 고종에게 소개한 윤치호 선생이다.

궁중에서 서양요리를 만들게 된 것은 러시아 공사 베베르의 처형인 손탁(Sontag)의 영향 때문이었고, 1897년 이후 그녀가 손탁호텔을 경영하면서부터는 서양요리가 상류사회까지 보급되었다.

1914년 3월 지금의 명동에 조선호텔이라는 본격적인 서구식 호텔이 생기면서 서양요리 탄생의 새로운 계기가 되었고, 그 후 1925년에 서울역 안에 그릴레스토랑이 탄생하면서 한국에서 서양요리가 발전하게 되었다.

그 이후 우리나라 최대의 외식산업 성장 및 서양요리가 발전하게 된 가장 큰 계기는 1986년 아시안게임과 1988년 서울올림픽의 개최라고 볼 수 있다. 국내에서의 성공적인 국제행사를 유치하기 위해서 1980년대부터 서울을 비롯하여 전국에 특급호텔이 건립되었고 그 후 호텔 · 외식산업계는 양적 · 질적으로 급성장하여 현재에 이르고 있으며, 앞으로도 다양한 형태로 발전할 전망이다. 그에 부합하여 교육받은 전문 조리사의 인력이 필수적이어서 전국에 조리 관련 대학 및 대학교가 생겨나 양질의 조리사가 양성되었으며 호텔 · 외식업계의 발전에 중심적인 역할을 하고 있다.

3. 메뉴의 이해

1) 메뉴의 정의

메뉴의 어원은 라틴어의 'Minutus'에서 유래한 말로 아주 작은 표(Small List)라는 뜻이다. 1948년경 프랑스 귀족의 아이디어에서 비롯되어 1540년 프랑스의 브랑위그 후작이 자기 집에 손님을 초대하여 준비한 음식을 메모하였던 것이 최초의 메뉴판이 되었고, 그것이 지금까지 전해져 메뉴판으로 발전된 것이다. 한마디로 메뉴는 '고객이 알아보기 쉽도록 제공될 음식의 품목과 가격을 작성 · 기록하여 고객이 식음료를 주문하는 데 있어 필요한 정보를 제공하여 고객과 호텔 간의 식음료 제공을 약속하는 차림표'라 할 수 있다.

따라서 메뉴란 식사를 서비스하는 식당에서 판매될 상품 자체의 설명과 가치증진을 위하여 필요한 것이며 식당의 매출과도 연결되고 고객의 물리적 · 정신적 만족을 충족시켜 주기 위해 업주와 고객에게 매우 중요한 마케팅 도구의 하나이다.

2) 메뉴의 분류

(1) 정식메뉴(Table D'hote Menu)

정식메뉴란 과거 여행객들이 여관이나 여인숙에서 숙박하는 경우 식사를 제공받지 못하여 음식을 직접 가지고 다녔는데, 이러한 불편함을 해소하기 위하여 정해진 가격에 여행객들에게 음식을 제공한 것에서 유래되었다.

'Full Course Menu'로서 한 끼분의 식사로 구성되어 있으며 고객들에게 인기 있는 품목으로 구성된다. 보통 5 Course Menu, 7 Course Menu로 구성되어 순서대로 제공된다.

5 Course Menu : 전채(Hors d'oeuvre, Appetizer) → 수프(Soup) →주요리(Main Dish) → 후식(Dessert) → 음료(Beverage)

7 Course Menu : 전채(Hors d'oeuvre, Appetizer) → 수프(Soup) →생선(Fish) → 셔벗(Sherbet) → 주요리(Main Dish) → 후식(Dessert) → 음료(Beverage)

(2) 일품요리(A la Carte Menu)

일품요리는 레스토랑의 주된 메뉴로서 고객이 원하는 품목만을 선택하여 식사를 하고 선택한 품목의 가격만 지불하면 되는 메뉴로서 고객의 입장에선 메뉴선택의 폭이 넓지만 이 메뉴는 한 번 작성하면 장기간 사용하게 되므로 식자재 메뉴관리가 어렵다는 단점을 가지고 있다. 또한 계절이 바뀔 때에는 그 계절에 맞는 새로운 메뉴계획이 이루어져야 한다.

(3) 뷔페메뉴(Buffet Menu)

뷔페는 정해진 금액과 정해진 시간 안에 자유로이 식사를 즐기는 형태로, 크게 샐러드, 찬 요리와 더운 요리 디저트 부분으로 분류하여 진열해 놓은 음식을 고객이 기호에 맞는 음식을 자유로이 선택하여 골라먹을 수 있도록 만든 메뉴이다.

(4) 특별메뉴(Daily Special Menu)

특별메뉴는 시장에서 매일 새롭게 입고되는 계절에 맞는 신선한 재료를 구입하여 주방장이 최고의 기술을 발휘하여 고객의 식욕을 돋우는 메뉴이다. 매일 준비된 상품으로 고객에게 빠른 서비스를 제공할 수 있으며, 식재료 사용에 있어 재고품 매출 증진의 효과가 있다고 할 수 있다.

3) 식사시간에 의한 분류

(1) 아침식사(Breakfast)

아침식사의 방법이나 형태는 나라에 따라 다르게 분류되고 일반적으로 식당에서 판매하는 아침식사의 메뉴에는 다음과 같은 종류가 있다.

① 미국식 아침식사(American Breakfast) : 주스, 햄 또는 소시지 또는 베이컨과 달걀, 토스트, 커피 또는 차

② 유럽식 아침식사(Continental Breakfast) : 주스, 토스트, 커피 또는 차

③ 비엔나식 아침식사(Vienna Breakfast) : 스위트롤 또는 데니시 페이스트리, 삶은 달걀, 커피 또는 우유

④ 영국식 아침식사(English Breakfast) : 시리얼, 생선, 토스트, 주스, 커피 또는 차

⑤ 뷔페식 아침식사(Breakfast Buffet) : 비즈니스호텔에서 객실을 이용하는 고객을 위하여 주로 제공하는 조식의 형태로 양이 많고, 다양한 메뉴의 음식을 뷔페식으로 제공한다.

(2) 점심식사(Lunch)

런치는 점심식사를 뜻하는데, 영국에서는 아침과 저녁 사이에 먹는 식사를 런천이라 하고, 미국에서는 아침과 저녁 사이에 먹는 식사를 런치라고 한다. 점심식사는 주로 샌드위치나 간단한 일품요리로 구성되는 생선요리나 육류요리, 샐러드 등으로 구성하고 음료수를 곁들여 즐긴다.

(3) 저녁식사

저녁은 질 좋은 음식을 충분한 시간적 여유를 갖고 즐기면서 식사하는 메뉴로 보통 저녁식사 메뉴는 정식(full course)으로 짜여지고, 곁들임 음료로 와인 및 샴페인을 즐겨 마신다.

4) 메뉴개발 시 고려할 사항

(1) 경영목표와 목적

메뉴는 조직이 설정해 놓은 목표를 반영할 수 있어야 하고, 업장의 원활한 서비스를 위해 필요한 것을 반영할 수 있어야 한다. 또한 가장 경제적인 방법으로 고객을 만족시키면서 비용을 최소화하고, 이윤을 극대화시켜야 한다.

(2) 식자재 공급시장의 상황

업장 운영에 필요한 식재료를 원하는 시간대에 필요한 양만큼 구매, 공급받을 수 있는지의 시장상황을 말한다. 원활한 식자재의 공급은 식자재를 가장 경제적인 가격에 원하는 시

간대에 지속적으로 공급받는 데 결정적인 역할을 하기 때문에 메뉴계획에서 고려되어야 할 중요한 사항이다.

(3) 예산

예산은 말 그대로 예상 매출액과 예상 수입액을 기준으로 각 항목의 비용이 얼마를 차지하는가의 비율을 결정하는 것이다. 예산을 제대로 파악하지 못할 경우 이익을 창출할 수없으며 예산범위 내로 생산가를 낮추지 않으면 비용을 최소화할 수 없다.

(4) 시설과 장비

판매되는 메뉴의 품질경쟁력을 갖추기 위해서는 각각의 메뉴특성에 맞는 적합한 시설과 장비의 도입이 필요하다. 즉 메뉴상품을 주방 내에서 생산하는 데 있어 적합한 규모와 동선 그리고 시설과 도구가 함께 구비되어야 한다.

(5) 종사원의 기능

메뉴상품을 생산해 내야 하는 직원들이 효율적으로 이용하지 못한다면 제아무리 좋은 메뉴일지라도 아무런 가치가 없을 것이다. 따라서 직원들의 능력 또한 고려되어야 한다.

(6) 판매할 음식수준의 기준

모든 메뉴상품은 그 레스토랑 운영에 맞는 적합한 금액이어야 한다. 메뉴계획자는 적절한질 (quality)을 계획하고 그 계획에 맞는 아이템으로 메뉴계획을 세워야 한다.

(7) 영양적 요소

레스토랑을 찾는 고객의 관심이 맛 이외에도 영양적인 면을 고려하기 때문에 연령과 성별, 장소에 따른 메뉴계획이 고려되어야 한다.

특히 건강식과 채식주의 고객에게는 5가지 식품군이 골고루 함유된 메뉴계획을 세워야 한다.

(8) 저장 및 재고상황 파악

메뉴상품에서 필요로 하는 식재료의 보관을 위해 충분한 냉장 및 냉동고의 저장공간이 필요하며 급변하는 식자재 공급시장의 상황에 대처할 수 있는 식재료의 저장 및 정확한 재고상황을 파악하고 있어야 한다.

5) 메뉴작성의 원칙

① 같은 재료가 요리에 중복되지 않는다.

② 같은 색의 요리를 반복하지 않는다.

③ 비슷한 소스를 요리에 중복시키지 않는다.

④ 같은 조리법을 두 가지 이상의 요리에 중복시키지 않는다.

⑤ 요리코스의 균형은 경식에서 중식으로 맞춘다.

⑥ 계절, 요일 등의 상황에 맞는 메뉴를 작성한다.

⑦ 요리와 곁들여지는 재료와의 배합과 배색에 유의한다.

⑧ 영양적으로 균형 있게 메뉴를 구성한다.

⑨ 식품위생을 충분히 고려한다.

The Professional Western Cooking

고 급 서 양 요 리 제 2 장

주방의 의의와 이해

1. 조리의 의의

원시시대의 인류는 음식을 자연 그대로의 날것으로 먹다가 자연의 재해로 인하여 불을 우연히 발견함으로써 음식을 익혀 먹게 되었고 자연스럽게 조리의 행위가 시작되었다고 할 수 있다. 그후 토기문화와 철기문화의 발달과정을 통해 용기가 만들어지고 저장공간이 만들어지면서 음식을 담기도 하고 저장하면서 요리의 발전을 가져왔다. 이러한 변화로 인하여 음식을 단순히 욕구충족의 목적으로 먹는 것이 아니라 미각적 · 시각적 · 영양적 · 위생적인 면이 중요시되는 음식문화로 발달하게 되었다.

또한 식품가공산업의 눈부신 발전으로 인하여 식문화에 많은 변화를 가져왔다. 바쁜 생활환경의 영향으로 인하여 간편하게 즐길 수 있는 Fast Food, Instant Food 등의 음식이 발달하여 생활에 편리함을 주었고 경제성장에 따라 생활수준이 향상되면서 식생활에도 많은 변화가 있었지만 고혈압, 고지혈증, 비만, 당뇨병 등의 각종 성인병의 증가로 인하여 식문화의 문제점도 발생하고 있다. 그래서 인간이 삶을 영위하기 위해서 필요한 세 가지 요소인 의식주(衣食住) 중에서도 식(食)이 가장 중요하게 대두될 필요가 있다.

조리란 인간이 섭취 가능한 식재료를 이용하여 시각적으로 외관을 아름답게, 미각적으로 맛있게, 영양적으로 필요한 영양소를 제공하고 위생적으로 독성이 제거되어 무독한 상태로 안전하게 음식을 만드는 과정이라 할수 있다.

2. 주방의 개요

주방(廚房)이란 조리상품을 만들기 위한 각종 조리기구와 식재료의 저장시설을 갖추어 놓고 조리사의 기능적 · 위생적인 작업수행으로 고객에게 제공될 음식을 생산하는 작업공간을 말한다.

특히 주방은 생산과 소비가 동시에 이루어지는 상황변수가 많은 특성을 가진 장소로 레스토랑 경영성과 기능에 가장 중요한 역할을 담당하고 있는 부서이다.

이처럼 주방은 고객에게 사용가능한 식재료를 이용하여 물리적 · 화학적인 조리법을 통해 상품을 고객에게 판매하는 장소라고 할수 있다.

3. 주방의 기능별 분류

주방의 업무는 부서(Section)별로 이루어지는 것이 아니라, 크게 지원주방, 영업주방으로 나눠지고 상호 간의 연계체제가 무리 없이 이루어져야 하므로 원활한 업무수행을 위해 사전준비가 더욱 필요하다.

1) 지원주방(Support Kitchen)

호텔 내에서 주로 식자재를 구매부로부터 인수받아 사전처리 등의 기본과정을 수행하는 곳으로 1차 가공된 식자재를 각 영업주방으로 지원하는 장소이다. 따라서 각 업장과의 동선이 길면 안 되며 각종 냉 · 온방 시설과 냉장 · 냉동시설 및 작업에 알맞고 견고한 장비의 설치가 필수적이다.

(1) 더운 요리 주방(Hot Kitchen & Main Production)

모든 호텔 주방의 중심적인 위치에 있는 주방으로 대부분 상온의 음식을 제조 및 인계하는 업장이다. 핫 주방에서는 식자재에 열을 가하여 만드는 업장으로서 각 영업주방에서 판매할 음식을 1차 가공하거나 완제품으로 만들어 적합한 시간에 지원하는 역할을 한다.

(2) 찬요리 주방(Cold Kitchen & Gardemanger)

찬요리 주방은 샐러드용 채소와 차가운 소스, 디저트, 전채요리를 취급하는 부서로 주로 찬요리를 담당하는 주방이다. 고객에게 제공되는 음식이 차갑게 서비스되기 때문에 다른 주방에 비해서 위생에 철저히 신경을 써야 하며 조명 또한 다른 업장에 비해서 더 밝아야 한다.

(3) 베이커리 주방(Bakery Kitchen)

제과·제빵 주방은 독립된 시설과 장소를 가지고 있으며 각 지원주방과 영업주방 등 모든 업장에서 필요로 하는 제과·제빵 제품(고객 판매용 케이크 및 빵류, 과자, 캔디류, 초콜릿 등)과 코스요리를 포함한 각종 요리의 디저트를 만들어 제공한다. 또한 제과·제빵 주방과 연결되어 있는 장소(보통 커피숍이나 로비, 라운지 등의 업장)에 판매장을 갖추고 고객의 기호에 알맞은 제품을 전시하여 판매한다.

(4) 육가공 주방(Butcher Kitchen)

영업주방에서 필요로 하는 고기를 1차 가공한 후 다른 업장에 지원해 주는 주방으로 육류, 가금류, 생선 등을 손질한다. 부처 주방은 지원주방과 영업주방 등 모든 업장에서 필요로 하는 각종 육류, 어패류, 가금류 등을 주문한 용도에 맞추어 재단, 세척, 오물제거, 염장이나 당장과 같은 보존처리과정, 열을 이용한 1차 가공, 포장 등의 업무를 하는 장소이다. 또한 특별한 행사에 이용하거나 판촉용으로 사용할 때에는 위 식재료를 이용하여 훈제연어, 소시지류, 햄, 육포, 한우 갈비세트 등의 상품을 직접 제작하여 호텔고객에게 판매하기도 한다.

육류나 생선은 나쁜 냄새를 흡수하고 산패 및 변질되기 쉬우므로, 위생적인 관리와 능률적인 작업을 위해 적절한 장비와 철저한 위생 그리고 효과적인 작업을 위한 설비를 갖추어야 한다.

(5) 얼음조각실(Ice Carving Room, Art Room)

얼음조각실은 큰 호텔에서는 책임자 및 하부직원을 두고 독립된 형태로 분리되어 운영되고 있으나 호텔에 따라서는 메인 주방이나 지원주방 내에서 자체작업이 이루어지는 경우도 있다.

(6) 기물관리 주방(Steward Kitchen)

기물관리 주방은 메인 주방이나 독립된 형태 소속으로 식당에서 회수된 접시, 수저와 같은 식기, 컵, 주방장비 등의 세척과 보관 및 배치뿐만 아니라 각 업장의 주방시설, 주방바닥, 트렌치, 후드, 기타 조리부와 관련된 모든 시설물의 최종적인 청소와 보수, 유지에 해당하는 업무를 하는 부서이다.

2) 영업주방(Business Kitchen)

레스토랑 형식으로 영업장을 갖추고 고객이 요구하는 메뉴를 생산하는 주방으로 지원주방에서 지원받은 소스, 스톡, 찬요리, 디저트 등으로 요리를 완성하여 고객에게 제공한다. 연회장을 비롯하여 각 특성을 가진 레스토랑 형식으로 영업장을 갖춘다. 각 업장별 주방은 특정국가와 지역 및 민족의 문화를 느낄 수 있는 음식상품을 판매하기 때문에 내국인뿐만 아니라 외국인의 취향에 적합한 영업을 하도록 하는 것이 가장 중요하다. 업장은 단위주방의 주방장에 의한 지휘체계로 영업을 하고 있다.

4. 주방의 조직 및 업무내용

1) 주방의 조직

주방의 조직이란 식자재 구매, 요리생산, 메뉴개발, 인적 관리와 주방에 관계되는 전반적 업무를 효율성 있게 수행하기 위한 일체의 인적 구성을 의미한다.

이러한 주방 조직은 각 업장의 규모와 형태 · 메뉴 성격에 차이는 있을 수 있으나 기본적인 구성은 유사하다고 볼수 있다. 주방의 조직은 구조를 설정하기 위해서는 먼저 직무분석이 선행되어야 하며 특성상 복합적 조직구조를 원칙으로 하여야 한다. 다품종 소량 주문생산을 위해서는 유연성과 조정성을 가지고 있어야 하고, 효율성 증대를 위해 단순성, 종사원 이동의 효율성과 공간 활용의 효율성, 위생 및 관리의 용이성 등을 고려해야 한다.

2) 주방조직의 직급별 업무내용

(1) 총주방장(Executive Chef)

총주방장은 조리부의 가장 높은 직책으로 주방의 총괄적 책임자이며, 전체적인 주방의 운영을 수행한다고 볼수 있다. 업무 내용으로는 조리부와의 원활한 경영을 위해 직원의 인사관리, 요리생산을 위한 재료의 구매에 관한 견적서 작성, 메뉴의 개발, 종사원의 안전 등에 대한 책임을 진다.

(2) 부총주방장(Excecutive Sous Chef)

총주방장을 보좌하며, 부재 시그 직무를 대행하고 메뉴 계획을 수립, 조리사들의 실무적인 조리교육 훈련을 담당하고 있다. 실질적인 주방 운영의 책임을 진다.

(3) 단위주방장(Sous Chef)

총방장과 부총주방장을 도와 단위주방 부서의 장으로서 역할을 수행한다. 특별행사 시 지원, 파견되는 주방장으로서 전 업장에 대한 일반적인 지식을 갖추고 있어야 한다.

(4) 수석조리장(Chef de Partie)

단위주방장으로부터 지시를 받아 당일의 메뉴 및 행사 등을 점검하여 음식 생산부터 고객에게 제공될 경우 서브까지 세분화된 계획을 세우는 역할을 한다.

(5) 부조리장(Demi Chef de Partie)

직접적으로 생산업무를 담당하면서 주방업무 전반에 관하여 의논하며 부하직원의 고충을 들어주고, 상사와의 사이에서 중간 역할을 한다.

(6) 1급 조리사(1st Cook)

수련과정의 견습 주방장으로서 기술적인 측면에서 최고기술을 낼 수 있는 단계라고 할 수 있다. 모든 조리업무의 적재적소 상황을 수행 점검하며 중추적인 생산라인을 담당한다.

(7) 2급 조리사(2nd Cook)

1급 조리사와 함께 실무적 조리업무를 수행하며 부재 시 그 업무를 대행하며 생산라인에서 요리의 품질과 맛을 낼 수 있는 기술을 발휘한다.

(8) 3급 조리사(3rd Cook)

미래에 자신이 해야 할 업무를 간접적으로 체험하는 시기로서 매우 단순한 조리작업을 수행한다. 주방장의 지시에 따라 식재료를 수령하고 요리 생산을 위한 2차적인 가공 등을 한다.

(9) 조리보조사(Cook Helper)

견습사원으로서 조리에 대한 기술보다는 주방업무에 대한 기본적인 사항들을 습득하려는 노력이 필요한 사람으로 단순작업을 수행하는 단계이다. 조리기구를 사용하는 방법이나 단순한 1차적인 식재료 손질 등을 한다.

(10) 조리 실습생(Trainee)

조리를 전공한 학생들이나 조리에 관심 있는 사람이 현장에서 조리를 처음 접하는 것으로 기본적인 주방기물 사용방법, 안전, 위생 등에 대한 숙지 및 기초조리를 익히는 사람을 말한다.

(11) 기물관리(Steward)

주방에서 사용하는 기물류를 담당하며, 각종 식기류와 주방 용기들의 구매 의뢰 및 재고관리, 세척관리를 담당한다.

기본 조리방법

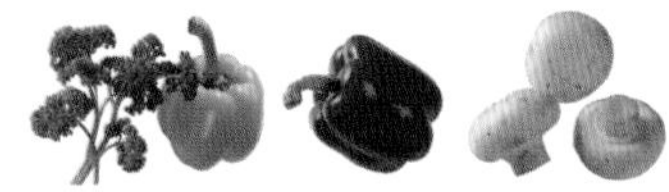

1. 기본 채소 썰기

- 춥(Chop) : 가로, 세로 1mm 크기의 주사위 모양으로 써는 방법
- 아셰(Hacher) : 잘게 다지는 것
- 브뤼누아즈(Brunoise) : 가로, 세로 3mm 크기의 주사위 모양으로 써는 방법
- 다이스(Dice) : 가로, 세로 1.2cm 크기의 주사위 모양으로 써는 방법
- 콩카세(Concasser) : 가로, 세로 0.5cm 크기의 주사위 모양으로 써는 방법
- 큐브(Cube) : 가로, 세로 1.5cm 크기의 주사위 모양으로 써는 방법
- 쥘리엔(Julienne) : 5cm×2mm 길이로 가늘고 길게 써는 방법
- 슈뵈(Cheveux) : 4cm 길이로 머리카락처럼 가늘게 써는 방법
- 쉬포나드(Chiffonade) : 실처럼 가늘고 길게 써는 방법(양배추나 양상추 등의 겹겹이 있는 채소의 썰기)
- 샤토(Chateau) : 4cm 정도의 길이로 가운데는 굵고 양끝은 뾰족하게 자르는 방법

- 올리베트(Olivette) : 4cm 길이의 오크통 모양으로 깎는 방법
- 파리지엔(Parisienne) : Parisienne Knife를 이용하여 구슬같이 둥글게 파내는 방법
- 페이잔느(Paysanne) : 미네스토로네 수프의 채소썰기로 가로, 세로 1.2cm×1.2cm×0.2cm 크기로 얇게 써는 방법
- 비시(Vichy) : 주로 당근 같은 딱딱한 채소를 이용하여 3~4mm 정도의 두께로 비행접시 모형으로 둥글게 파내는 방법
- 바토네(Batonnet): 작은 막대기 모양으로 6.4mm×6.4mm×6.0cm 크기로 길게 써는 방법

〈기본썰기의 모양〉

이름	길이	모양
Chop(촙)	1mm×1mm×1mm	
Brunoise (브뤼누아즈)	3mm×3mm×3mm	
Concasser (콩카세)	0.5cm×0.5cm×0.5cm	
Julienne (쥘리엔)	5cm×2mm	

Batonnet (바토네)	6.4mm×6.4mm×6cm	
Paysanne (페이잔느)	1.2cm×1.2cm×0.2cm	
다이스 (Dice)	1.2cm×1.2cm×1.2cm	

2. 기본 조리방법

1) 건열 조리법

최소한의 기름이나 지방을 이용하여 그 기름을 팬에 넣고 높은 온도에서 음식을 빠른 시간 내에 조리하는 방법이다.

① 구이(Broiling)

열원이 석쇠 위쪽에 있는 Over Heat 방식이다. 브로일러(Broiler)나 샐러맨더(Salamander)를 이용하여 280~300℃의 높은 온도에서 식재료를 익히는 조리법으로 식재료에 열이 직접적으로 닿게 되면 식재료에 손상을 입게 되므로 조리기구에 열을 먼저 가한 다음, 재료를 넣어 조리한다.

② 석쇠구이(Grilling)

열원이 석쇠 바로 아래에 있어 열에너지를 아래에서 받아 조리를 하는 Under Heat 방식이다. 석쇠에 구울 때는 석쇠에 달라붙지 않도록 철판을 충분히 가열한 다음에 사용하고 육류는 줄무늬가 나도록 굽는다. 우리나라에서는 Broiling보다는 Grilling을 많이 쓰고 있다.

③ 오븐굽기(Roasting)

육류나 가금류 등의 큰 덩어리 고기들을 오븐에 넣어 굽는 방법으로 뚜껑을 덮지 않고 조리를 한다. 오븐에 굽기 전에는 육즙의 방출을 막기 위해 초벌구이를 하여 겉에만 색깔을 내어 오븐에 구워낸다. 열의 전도와 대류를 이용하여 식재료를 익혀내는 방법으로 처음에는 고온에서 조리하다 온도를 낮추어 천천히 식재료 내부까지 익도록 시간적 여유를 갖고 조리하는 것이 좋다.

④ 굽기(Baking)

Roasting과 같이 굽기. 안에서 구워지나 건조열로 굽는 방법으로 주로 제과에서 빵을 구울 때 쓰는 조리용어로 Bread류, Tart류, Pie류, Cake류 등 빵집에서 많이 사용된다. 조리속도는 느리지만 음식물의 표면이 건조한 열에 의해 바싹 마르게 구워지고 맛도 높여준다.

⑤ 소테(Sauteing)

소테는 프라이팬의 대표적인 전도열에 의한 조리방법으로 소량의 버터나 기름을 넣고 200℃의 높은 온도에서 순간적으로 조리하는 조리법으로 소량 조리하는 것이 좋다.

⑥ 팬 프라잉(Pan Frying)

소테보다는 조금 넉넉한 기름으로 중간불에서 튀기는 방법으로 보통 가정에서 많이 사용하는 방법이다. 적은 양의 기름으로 돈가스를 튀길 때 사용하는 방법이다.

⑦ 딥 프라잉(Deep Frying)

많은 양의 기름에 넣어 튀기는 방법으로 식재료가 기름에 완전히 잠기게 해서 조리를 한다. 처음에는 낮은 온도에서 튀기고, 두 번째는 높은 온도에서 튀기는 것이 바삭한 튀김 조리방법이다.

2) 습열 조리법

① 은근히 끓이기(Simmering)

끓기 직전의 온도(85~95℃)에서 식재료가 흐트러지지 않도록 조심스럽게 끓이는 조리방법으로 식품의 조직을 부드럽게 하고 맛난 성분을 증가시키기 위한 조리법으로 수프나 스톡을 만들 때 사용하는 조리방법이다.

② 데침(Blanching)

100℃ 이상의 높은 온도에서 식재료를 짧은 시간에 재빨리 익혀내기 위한 조리법으로 주로 채소나 과일을 익힐 때 많이 사용하는 방법이다. 영양소나 조직의 파괴를 방지하기 위해서 데친 다음에는 반드시 찬물에 담가 식혀주어야 한다.

③ 삶기(Poaching)

70~85℃ 온도의 액체에서 식재료를 부드럽게 익히는 조리방법으로 생선이나 달걀 등을 낮은 온도에서 식재료의 모양을 유지하면서 익히고, 조리하고, 남은 액체는 소스를 만들어 먹을 수 있다. 낮은 온도에서 조리를 하므로 식품의 형태가 흐트러지지 않고 식재료의 부드러움을 살리는 장점이 있다.

④ 찌기(Steaming)

찌기는 끓는 액체의 수증기를 이용하여 재료를 익히는 조리방법으로 식품의 형태를 그대로 유지할 수 있고 맛이나 영양성분의 손실도 최소화할 수 있다는 장점이 있다. 작은 공간에서도 대량 조리를 할수 있고 Boiling에 비하여 풍미와 재료의 색채를 살릴 수있는 장점이 있다.

⑤ 글레이징(Glazing)

당근 샤토나 채소를 반짝반짝 윤기 나게 하는 조리법으로 설탕이나 버터 등을 이용하여 약한 불에 조려서 만드는 조리법이다.

3) 복합 조리법

복합 조리법은 습열 조리법과 건열 조리법을 모두 사용하는 조리방법으로 브레이징과 스튜가 대표적이다.

① 브레이징(Braising)

브레이징은 서양조리법에서 대표적으로 우리나라의 찜요리와 비슷한 조리법이기도 하다. 프라이팬에 소량의 액체나 기름을 첨가하여 고기를 갈색으로 익힌 후 스톡이나 다른 소스를 고기 높이의 절반까지 부어 뚜껑을 덮은 다음 오븐에서 익히는 조리법으로, 덩어리가 큰 고기나 질긴 부위의 고기를 부드럽게 하기 위한 조리방법으로 매우 효과적이다.

② 스튜(Stewing)

스튜는 브레이징과 비슷한 조리방법이나 고기가 한입 크기로 작고 스톡이나 소스 등의 액체를 재료가 완전히 잠길 정도로 넣고 끓여준다. 조리시간은 브레이징보다 짧게 해주는 것이 좋다. 그 이유는 주재료의 크기가 작기 때문이다.

③ 프알레(Poeler)

많은 양의 버터를 이용하여 오븐 속에서 온도를 조절해 가면서 조리하는 방법으로 주로 육류를 조리하는 방법이다.

3. 계량 및 환산

조리부나 베이커리 업장에서의 계량은 소량의 차이로도 맛의 차이가 현저하게 달라지기 때문에 계량에서만큼은 정확한 계량이 필요하다.

① 온도 계산법

- 섭씨(℃ : Centigrade)
- 화씨(℉ : Fahrenheit)
- 화씨를 섭씨로 고치는 공식 ℃ = (℉-32)/1.8
- 섭씨를 화씨로 고치는 공식 ℉ = (1.8× ℃) + 32

조리에 사용되는 일반적인 섭씨(℃)와 화씨(℉)의 관계

구 분	섭씨(℃)	화씨(℉)
냉동고	−18	0
냉장고	4	40
물의 어는점	0	32
시머링	82	180
끓이기	100	212
튀기기	180	356

② 조리에 사용되는 계량의 단어와 약자

teaspoon =tsp	tablespoon = Tbsp	cup = C
pint = pt	quart = pt	fluid ounce = fl.oz
gram = g	milliliter = ml	liter = lt
ounce = oz	pound = lb	kilogram = kg

③ 계량컵, 계량스푼의 용량관계

계량단위		부 피	기 타
1작은술(teaspoon, ts)		5ml	
1큰술(tablespoon, Ts)		15ml	3작은술
1컵(cup, C)	미터법	3작은술	13큰술
1컵(cup, C)	쿼트법	240ml	16큰술

④ 물의 계량단위

컵 (cups)	파인트 (pints)	쿼트 (quarts)	온스 (ounces)	파운드 (pounds)	그램 (grams)
1/2	1/4	1/8	4.15	1/6	75
1	1/2	1/4	8.3	1/3	150
2	1	1/2	16.62	1	450
4	2	1	33.24	2	900

The Professional Western Cooking

고 급 서 양 요 리 제 4 장

주방의 안전관리

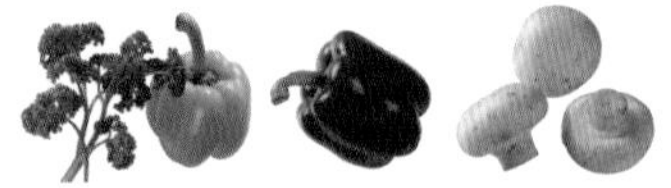

외식업체에 근무하는 조리종사자는 주방의 환경 및 개인적인 위생이 곧 고객들의 건강과 안전에 직접적인 영향을 미치기 때문에 철저한 자기관리와 주방위생에 주력해야 한다.

1. 개인위생관리

주방종사자들은 위생과 건강상태를 위해 정기적으로 건강진단을 받아야 한다. 정기적인 건강진단은 보통 1년에 1회 정도 실시하고 특별한 증상이 있을 시에는 수시로 건강진단을 받아야 한다.

조리업무에 종사할 수 없는 조리사

① 전염병에 걸렸을 경우 : 콜레라, 장티푸스, 세균성 이질, 결핵 등

② 전염병의 병원균 보균자인 경우

③ 피부병 및 기타 화농성 피부질환이 있을 때

④ B형 간염 : 전염의 우려가 없는 비활동성 간염은 제외

⑤ 후천성 면역결핍증 : 전염병에 대한 예방법 규정에 의한 건강진단을 받아 그 결과의 유무에 의해 영업에 종사하는 자에 한함

조리사 결격사유

① 정신질환자, 정신지체인

② 전염병환자

③ 마약, 약물중독자

④ 조리사 면허취소 처분을 받고 취소된 날로부터 1년이 지나지 아니한 자

1) 손의 청결

외식업체의 모든 음식은 조리사의 손을 거쳐서 생산되기 때문에 조리사의 손은 항상 청결을 유지해야 한다. 올바른 손의 세정방법은 다음과 같다.

- 30℃의 미지근한 물에 역성비누나 세척용 물비누를 손에 바른다.
- 비누거품을 충분히 내어 손목 윗부분까지 충분히 세척해 준다.
- 손톱은 솔 브러시를 이용하여 손톱에 끼어 있는 이물질을 제거해 준다.
- 흐르는 수돗물에 잔여물이 남지 않도록 깨끗이 씻는다.
- 손의 물기는 종이타월이나 공기 건조기로 건조시킨다.

2) 위생복 관리

조리업무 종사자는 조리실에 들어가기 전에 반드시 깨끗한 조리복과 앞치마 그리고 조리모자를 착용하고 업무에 임해야 한다. 그리고 조리복을 입은 채 외부에 나가서도 안 되고 화장실을 가서도 안 된다. 이는 외부의 오염된 환경에 노출하게 되면 2차 감염의 우려가 있기 때문으로 절대 주의해야 한다.

① 위생모 및 스카프

위생모와 스카프는 머리카락이나 머리에서 나올 수 있는 분비물들이 음식으로 들어가는 것을 막기 위해 머리에 착용하는 복장 구성으로 음식을 만드는 조리사들은 반드시 착용해야 하는 필수품이다. 위생모는 머리카락이 밖으로 나오지 않도록 완전히 눌러 쓰도록 하고 위생모의 길이가 너무 길거나 큰 모자는 작업을 방해하므로 자신에게 맞는 모자를 선택하도록 한다.

여성의 경우에는 잔머리가 밖으로 나오지 않도록 그물망으로 머리를 단정히 묶어 위생모나 스카프를 착용한다. 그리고 지나친 머리핀의 사용은 금하는 것이 좋다.

② 머플러

조리업무 종사자가 반드시 착용해야 하는 필수 복장 중의 하나로 머플러도 반드시 착용해야 한다. 조리하는 환경은 항상 각종 위험에 노출되어 있으므로 주방에서 불의의 사고로 인체에 상해를 입었을 경우 지압이나 압박 등의 응급처치를 위해 필요한 것이다.

머플러의 길이는 길게 하지 않고 짧게 매듭을 지어 착용하는 것이 작업하는 데 있어서도 편하다.

③ 앞치마

앞치마는 조리종사원의 신체를 1차적으로 보호하고 위생복의 더럽힘을 방지하고자 착용하는 것으로 면으로 된 것을 많이 사용하고 물을 많이 사용하는 조리사는 비닐소재의 앞치마를 사용하기도 한다. 앞치마의 매듭은 복부 중앙이나 옆선에 매고 남은 끈은 반드시 짧게 매듭을 만들어 너덜거리지 않도록 해야 한다.

④ 안전화

주방의 바닥은 항상 물에 젖어 있거나 기름을 많이 사용하므로 사용한 기름이 흐르거나 각종 이물질들이 떨어져 있어 미끄러짐으로 인한 낙상과 무거운 기구들이 떨어졌을 때를 방지하기 위해서 안전화를 반드시 착용해야 한다.

안전화는 미끄러짐을 방지할 수 있도록 특수처리된 소재로 바닥을 만들고 발등에는 딱딱한 안전장치가 들어 있어 발을 보호해 주는 기능을 가지고 있다.

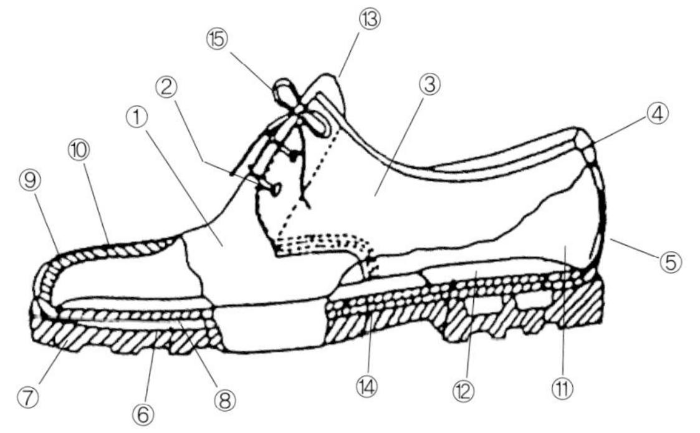

안전화의 구조

1. 신울가죽	9. 강제선심
2. 구멍	10. 안선심
3. 몸통가죽	11. 몸통 안
4. 보강가죽	12. 깔창
5. 월형심	13. 구두혀
6. 중물(속내용물)	14. 허구리
7. 고무겉창(굽 포함)	15. 구두끈
8. 안창	

2. 주방위생

주방은 조리에 필요한 조리도구와 각종 기계들이 많기 때문에 항상 위생적으로 관리해야 한다. 주방의 실내온도는 16~20℃, 습도는 70%가 적당하다.

1) 주방바닥

주방시설에서의 바닥은 주방에서 일하는 조리사의 작업 효율성을 높이고 미끄럼을 미연에 방지할 수 있는 구조로 되어 있어야 한다. 주방바닥은 대부분 수분 흡수능력이 적고 탄성이 좋은 에폭시가 바닥재로 사용되고 있다.

또한 식재료의 반입과 반출, 냉동, 냉장의 출입을 자유롭게 하기 위해 주방바닥 전체의 높이를 일정하게 설계해야 한다. 주방의 바닥은 유지관리가 편하고 내구성이 있으며, 미끄러지지 않고 무공재인 것이 좋다. 주방의 바닥과 벽면은 항상 물기가 있고, 식재료를 주방바닥에 쌓아놓기도 하기 때문에 청소가 용이해야 하며, 기름과 수분을 직접 흡수하지 않아야 한다. 주방 바닥재로 많이 사용하는 재료로는 쿼리 타일(Quarry Tile)과 에폭시 타일이 있다. 특히 에폭시 바닥재는 유공성이 적고 관성이 좋아서 많이 사용하고 있다.

2) 주방의 천장과 조명

주방의 천장은 소음 흡수성, 기름기 저항성, 수분 저항력, 빛 반사력 등을 갖추고, 화재의 위험에 안전하고 건강에 유해하지 않은 재료를 사용해야 한다. 주방바닥과 천장의 높이는 적절하게 설정해야 하는데 천장의 높이는 바닥으로부터 3m 이상이 적당하다.

적당한 주방의 조명은 종사원들의 업무 만족도를 높이고 피로감을 낮춤으로써 생산성을 높이는 데 커다란 영향을 미칠 수 있다.

조명은 직접광(Direct Light), 간접광(Indirect Light), 산광(Diffused Light)으로 구분한다. 직접광은 빛의 근원으로부터 오는 직사광선이고, 간접광은 천장이나 벽에 반사되는 것이며, 산광은 반투명 막을 통과한 빛처럼 방향이 일정하지 않은 것이다. 적절한 조명은 긍정적인 느낌과 긴장을 푸는 데 도움을 주며, 음식을 조리하고 서비스하는 데 미치는 영향이 크다고 할 수 있다.

종사원의 품질검사 활동과 작업공간의 위생 청결을 위해서도 충분한 밝기의 조명이 필요하다. 조리작업장 내의 권장 조도는 작업 시 얼마나 눈을 사용하느냐에 의해 결정되지만 일반적으로 조명의 밝기는 50~100Lux가 가장 실용적이다.

3) 주방의 환기시설

주방의 환기시설은 주방 내부에서 발생한 각종 불순공기를 주방 밖으로 내보내는 시설로 쾌적한 작업환경을 위하여 환기설비를 반드시 갖추어야 한다. 조리작업지역의 통풍장치는 연기 · 냄새 · 습기 · 기름 등이 포함된 공기를 제거하고 신선한 공기를 가져다주기 위해 필요하다.

주방의 공기 조절체계의 근본적인 설치목적은 조리작업에서 발생한 열을 식히기 위함이다. 이런 면에서 조리작업공간은 동시에 열이 가해지고 식혀져 주방공간의 쾌적한 환경을 유지시킬수 있다.

주방환기 시스템의 기본적인 기능은

첫째, 조리과정에서 생성되는 뜨거운 공기를 포획하고,

둘째, 더운 공기로부터 가능한 많은 기름입자를 제거하며,

셋째, 뜨거운 공기를 외부로 배출하고,

넷째, 주방에서 배출된 공기를 재공급하는 것이다.

4) 상수도

주방에서는 음식조리와 서비스를 위한 위생적인 냉수와 온수가 필요하다. 식당의 주방들은 도시의 수도시스템에 의해 공급되는 수돗물을 사용하고 있다. 먹는 물은 무색, 무취, 투명하여야 하며 유독한 병원균이 없어야 한다.

- 병원 미생물에 오염되었거나 오염될 염려가 있는 물질
- 건강에 위해한 영향을 미칠 수 있는 무기물질과 유기물질
- 그 밖에 건강에 유해한 영향을 미칠 수 있는 물질

급수시설은 주방의 조리업무에 적합한 물을 공급하기 위한 시설로 주방의 최대 조리업무 시간대의 급수량을 고려하여 설치해야 한다.

5) 하수도

배수시설은 주방에서 사용한 물을 하수구로 버리는 시설이다. 이때 하수도의 냄새 또는 하수가스의 배수관 역류를 방지할 수 있어야 한다. 배수량은 수압에 의해서 움직이지 않고 중력에 의해서 흐르는데, 미물질이 많이 흐르는 곳에는 배수로의 경사를 적게 주어 어느 정도 미세한 이물질이 떠서 흘러내릴 수 있도록 해야 한다.

배수설비에는 배수구, 배수관, 바닥배수 트렌치(Trench), 그리스트랩(Grease Trap) 등이 있으며, 경사는 1/100~2/100°가 좋다.

배수관은 굵은 것이 좋으며, 곡선을 피하고 수직을 유지하도록 한다. 구부러진 곳에는 트랩을 설치한다. 트랩은 물을 아래로 흐르게 하고 올라오는 악취를 차단하는 목적으로 설치하는 장치이다.

3. 작업자 안전관리

주방은 음식을 만드는 장소이기도 하지만 항상 안전사고를 유발할 수 있는 장소이기 때문에 사고 시에 대처할 수 있는 대처능력에 대해서 규칙적인 교육을 받아야 한다.

1) 개인안전

- 주방에서는 재대로 갖춘 조리복과 안전화를 반드시 착용한다.
- 칼을 사용할 때는 정신을 집중하고 안정된 자세로 작업을 한다.
- 칼은 본래의 목적 외에는 사용해서는 안 된다.
- 주방에서는 아무리 바쁜 상황이라도 뛰어다니면 안 된다.
- 주방바닥의 기름이나 물기를 수시로 제거하여 주방에서의 낙상사고를 방지한다.
- 주방에서 칼을 들고 이동할 때는 칼끝을 밑으로 두고 칼날은 뒤로 가게 해서 이동한다.
- 작업대 위에서 칼을 떨어뜨렸을 때는 절대 잡으려 하지 말고 한 걸음 물러서서 몸을 피한다.
- 뜨거운 용기를 이동할 때는 마른행주를 이용하고 젖은 행주나 앞치마로 이동하는 행동은 금지해야 한다.

2) 전기안전관리

- 콘센트에 플러그를 완전히 삽입하여 열이 발생되지 않도록 한다.
- 한 개의 콘센트에 여러 개의 플러그를 꽂아서 사용하지 않도록 한다.
- 콘센트 주위에는 가연물, 인화성 물질 등의 위험물이 없도록 한다.
- 전기제품 사용 후에는 반드시 콘센트에서 플러그를 빼놓는다.
- 콘센트나 플러그를 접촉할 경우에 젖은 손으로 만져서는 안 된다.
- 적정 전기용량을 초과하여 사용하지 않는다.
- 전기가 고장났을 때에는 즉시 전문가에게 의뢰하고 수리하기 전까지는 사용하지 않는다.

3) 가스, 화재안전관리

- 주방에서 사용하는 가스의 기본 성질을 알아둔다.
  LNG 가스는 공기보다 0.65배 가볍다.
  LPG 가스는 공기보다 1.2~1.3배 무겁다.
- 전기나 가스 오븐 주위에는 인화성 물질을 두지 않는다.
- 가스기기를 사용할 때는 자리를 이탈하지 않는다.
- 주방에서의 마지막 퇴실자는 밸브가 잠겨 있는지 반드시 확인한다.
- 주방 내에 소화기 위치를 확인해 둔다.

4. 식품위생

1) 식품위생의 개념

식품위생이란 "식품 · 첨가물 · 기구 및 용기와 포장을 대상으로 하는 음식에 관한 위생을 말한다."라고 「식품위생법」에서 정의하고 있고, 세계보건기구(WHO)에서는 식품위생을 "식품의 생육, 생산 또는 제조에서부터 최종적으로 사람이 섭취할 때까지에 이르는 모든 단계에서 식품의 안정성, 건강성 및 건전성을 확보하기 위한 모든 수단을 말한다." 라고 정의하고 있다. 즉 단순히 식품을 조리와 섭취의 차원에서 바라본 위생이 아니라 식품을 재배, 생산, 유통, 섭취하기까지의 모든 과정을 말하며 어느 한 가지의 단계도 소홀히 다루어서는 안 된다고 할 수 있다. 따라서 인간이 생명을 유지하기 위해서 필수적으로 섭취해야 할 식품을 안전하게 보존하고 정성껏 조리하여 최종적으로 안전한 요리를 공급해야 할 책임이 있다는 것을 잊어서는 안 된다.

2)식품안전관리인증기준(HACCP)

(1) HACCP의 이해

HACCP은 위해요소분석(Hazard Analysis)과 중요관리점(Critical Control Point)의 영문 약자로서

'HACCP' 또는 '식품안전관리인증기준'이라 한다.

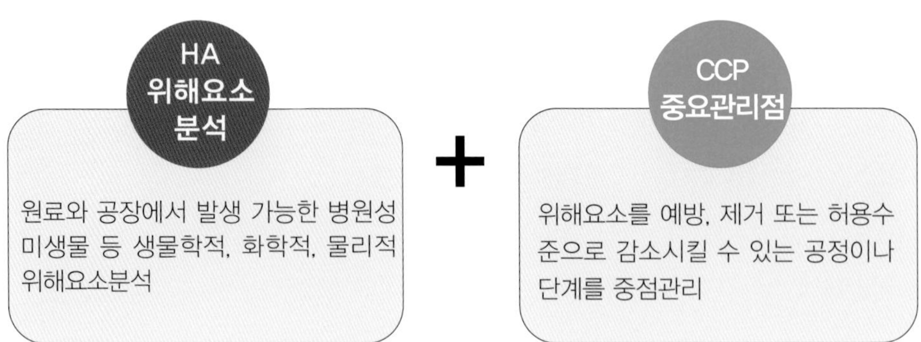

위해요소분석이란 "어떤 위해를 예측하여 그 위해요인을 사전에 파악하는 것"을 의미하며, 중요관리점이란 "반드시 필수적으로 관리하여야 할 항목"이란 뜻이 있다. 즉 HACCP은 식품위해 방지를 위한 사전 예방적 식품 안전관리체계라고 할 수 있다.

HACCP 제도는 식품을 만드는 과정에서 생물학적 · 화학적 · 물리적 위해요인들이 발생할 수 있는 상황을 과학적으로 분석하고 차단해서 소비자에게 안전하고 깨끗한 제품을 공급하기 위한 규정이다. 식품의 원재료부터 제조, 가공, 보존, 유통, 조리단계를 거쳐 최종소비자가 섭취하기 전까지 각 단계에서 무엇이든 발생할 우려가 있는 위해요소를 규명하고, 이를 중점적으로 관리하기 위한 중요관리점을 결정하여 자율적이며 체계적이고 효율적으로 관리하여 식품의 안전성을 확보하기 위한 과학적인 위생관리체계이다. HACCP은 전 세계적으로 가장 효과적이고 효율적인 식품 안전관리체계로 인정받고 있다. HACCP 시스템은 미국에서 만들어진 시스템으로 O-157 식중독 사건을 방지하기 위해 만든 식품위생시스템이다.

① 식품안전관리인증기준(HACCP)

식품의 원료, 제조, 가공, 및 유통 그리고 조리단계를 거쳐 소비자가 섭취하기 전까지 발생하는 위해요소를 중점적으로 관리하는 기준이다.

② 위해요소(Hazard)

생물학적, 화학적, 물리적 특성으로 인해 소비자의 인체상 건강 장애를 일으킬 요소가 있어 허용될 수 없는 요소들을 위해요소라 한다.

③ 위해분석(Hazard Analysis)

원재료의 보존, 처리, 제조, 가공, 조리를 거쳐 소비자가 섭취하는 과정에서 일어나는 위해요소들의 중요도와 위험도를 분석하고 평가한다.

④ 중요관리점(Critical Control Point)

- 건강 장애를 일으킬 우려가 있는 위해, 장소 및 방법
- HACCP을 적용하여 식품의 위해장비를 제거하거나 안전성을 확보하는 단계 또는 공정
- CCP 결정도를 사용하여 논리적으로 중요관리점을 설정한다.

⑤ 중요관리점의 한계 기준

- 위해요소의 관리가 정해진 설정에 맞게 이루어지는지 판단하는 기준
- CCP에 의해 위해요소 예방과 역할이 이루어지고 있는지에 대한 설정된 허용한계

⑥ 감시

CCP 기준에 대해 정확한 기록을 얻도록 계획된 일련의 검사측정 및 관찰을 한다.

⑦ 개선조치

모니터링 결과 위해요소 중요관리점의 기준으로 관리되지 못하는 경우 취하는 조치 단계이다.

⑧ 기록유지

작업공정 이탈, 개선조치 및 기타 기준에 따른 내용이 포함되어 있다. 현장 식재를 일일 기록을 토대로 검토하며 서명, 일지, 시간 등의 관련 모든 기록이 검토되어야 한다. HACCP팀 또는 품질관리부서에서 2년간 보관한다.

⑨ 검증

HACCP의 계획에 따라 정확히 실시되고 있는지 확인하고 증명하기 위한 방법과 검사이며 정기적으로 평가 조치한다.

(2) HACCP 적용

① 미국

모든 식품의 위생관리에 HACCP 개념을 도입하고 있다. 수입되는 수산물 및 수산가공품에 대해 1997년 12월부터 강제적용하고 있다.

② 일본

1995년 개정된 「식품위생법」에 '종합위생관리제조과정' 이라는 용어로 HACCP 제도를 시행하고 있다.

③ 한국

1996년 12월 HACCP 제도의 적용체제를 구축하고 적용대상 품목을 식육 가공품, 1997년 10월에는 어육가공품, 1998년 1월에는 냉동수산식품, 1998년 5월에는 유가공품을 단계적으로 확대 · 개정 · 고시하고 있다.

(3) HACCP 적용절차

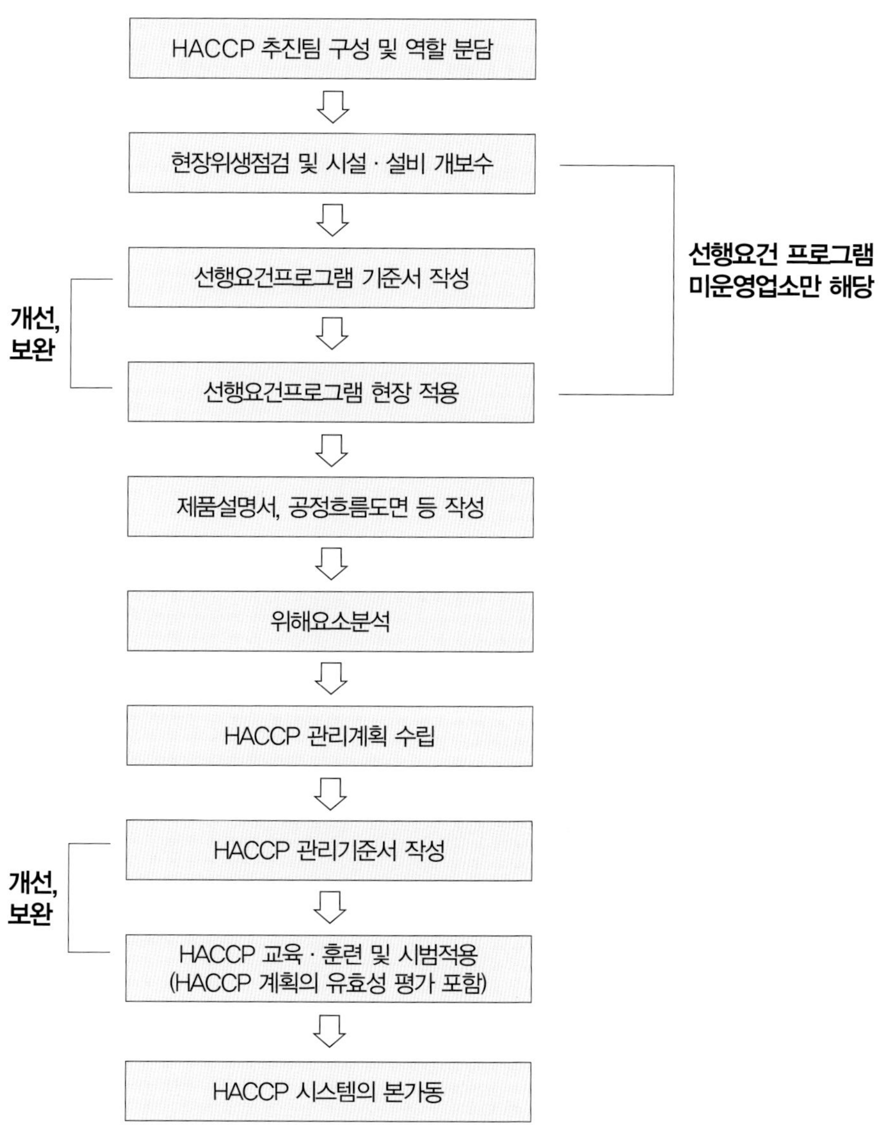

① HACCP 추진팀 구성 및 역할분담

HACCP 시스템의 확립과 운용을 주도적으로 담당할 HACCP팀을 구성한다. 팀 구성원들은 HACCP 관련 규정에 준한 교육을 받고 일정 수준의 전문성을 갖춘다.

② 현장위생점검 및 시설, 설비 개보수

식품을 위생적으로 생산, 조리하기 위한 기본적인 위생시설 · 설비 및 위생관리 현황을 점검하여 문제점을 개선 보완한다.

③ 선행요건 프로그램 기준서 작성 및 현장 적용

영업장, 위생, 제조시설 · 설비, 냉장 · 냉동설비, 용수, 보관 · 운송, 검사, 회수프로그램 관리를 포함하는 선행요건 프로그램 기준서를 작성하고 이에 대해 현장 적용 후 실행상의 문제점, 개선점을 파악, 기준서를 개정할 수 있도록 한다.

④ 제품설명서, 공정흐름도면 등 작성

- 제품설명서를 작성한다.
- 제출의 성분 규격, 유통기한, 용도 등을 작성하고 작업의 흐름에 적용하여 위해분석의 기초자료로 활용한다.

⑤ 위해요소 분석, HACCP 관리계획 수립

작업과정에서 일어날 수 있는 발생 가능한 모든 위해요소에 대한 평가를 위한 관리계획을 수립한다. 판매계획에는 중요관리점, 한계기준점, 모니터링 방법, 기준이탈 시 개선조치방법 등을 포함한다.

⑥ HACCP 관리 기준서 작성

HACCP팀 구성, 제품설명서, 공정흐름도, 위해요소분석, 중요관리점 결정, 한계 기준 설정, 모니터링 방법의 설정, 개선조치, 검증, 교육훈련, 기록유지 및 문서화 등을 포함하는 HACCP 관리 기준서를 작성한다.

⑦ HACCP 교육 · 훈련 및 시범적용

현장 종업원, 관리자, HACCP 팀원 등을 대상으로 수립된 HACCP 관리 계획에 대한 교육, 훈련 후 현장에 시범 적용하여 효과적으로 적용, 운영되는지 반드시 확인(유효성 평가실시)한다.

⑧ HACCP 시스템의 본가동

HACCP의 운영결과에 대한 유효성 평가의 결과에 준하여 결과의 문제점을 개선하여 시스템을 운영한다.

참고 식품위해요소중점관리기준

제4조 적용품목 및 시기 등

① 이 기준은 법 제32조의2제1항의 규정에 의하여 식품별 기준이 고시된 다음 각 호의 1에 해당하는 식품에 적용할 수 있다.

1. 어육가공품 중 어묵류
2. 냉동수산식품 중 어류 · 연체류 · 패류 · 갑각류 · 조미가공품
3. 냉동식품 중 기타 빵 또는 떡류 · 면류 · 일반가공식품의 기타 가공품
4. 빙과류
5. 집단급식소 · 식품접객업소의 조리식품
6. 도시락류
7. 비가열음료
8. 레토르트식품
9. 김치절임식품 중 김치류 · 절임류 · 젓갈류
10. 특수영양식품 중 영아용(성장기용) 조제식, 영 · 유아용 곡류 조제식, 기타 영 · 유아식(주스류)
11. 두부류 또는 묵류
12. 저산성 통 · 병조림 중 굴통조림
13. 건포류
14. 드레싱
15. 빵 또는 떡류 중 빵 · 케이크류
16. 생식류
17. 고춧가루
18. 면류 중 국수 · 냉면 · 당면 · 유탕면류
19. 신선편의식품
20. 단순 전처리식품
21. 기타 가공품
22. 냉장수산물 가공품

② 식품별 기준이 고시된 제1항 각 호의 식품 중 다음 각 호의 1에 해당하는 식품을 제조 · 가공하는 자는 법 제32조의2제2항 및 같은 법 시행규칙(이하 "시행규칙"이라 한다) 제43조의2제1항의 규정에 따라 이 고시에서 정하는 위해요소중점관리기준을 적용, 준수하여야 한다. 다만, 생산제품이 해당지역 내에서만 유통되는 도서지역의 영업자이거나 생산제품을 모두 국외로 수출하는 영업자는 제외한다.

1. 어육가공품 중 어묵류
2. 냉동수산식품 중 어류 · 연체류 · 조미가공품
3. 냉동식품 중 피자류 · 만두류 · 면류
4. 빙과류
5. 비가열음료
6. 레토르트식품
7. 김치류 중 배추김치

③ 제2항의 규정에 의한 의무적용 시기는 업소별로 연매출액과 종업원수에 기초하여 다음 각 호와 같이 단계별로 시행한다.

1. 연매출액 20억 원 이상이면서 종업원수가 51인 이상인 업소 : 2006년 12월 1일부터 (제2항제7호의 경우 2008년 12월 1일부터)
2. 연매출액 5억 원 이상이면서 종업원수가 21인 이상인 업소 : 2008년 12월 1일부터 (제2항제7호의 경우 2010년 12월 1일부터)
3. 연매출액 1억 원 이상이면서 종업원수가 6인 이상인 업소 : 2010년 12월 1일부터 (제2항제7호의 경우 2012년 12월 1일부터)
4. 연매출액 1억 원 미만 또는 종업원수가 5인 이하인 업소 : 2012년 12월 1일부터(제2항제7호의 경우 2014년 12월 1일부터)

④ 제3항의 규정에 의한 의무적용 시기는 연매출액을 기준으로 하여 종업원수의 요건을 동시에 충족하는 시기를 말하며, 연매출액 산정은 해당 사업장에서 제조 · 가공하는 의무 적용대상 식품의 전년도 1년간의 총 매출액을 기준으로 하고, 종업원수는 근로기준법에 의한 영업장 전체의 상시근로자를 기준으로 한다.

⑤ 제4항의 규정에도 불구하고 신규영업 또는 휴업 등으로 1년간 매출액을 산정할 수 없는 경우에는 매출액 산정이 가능한 최근 3월의 매출액을 기준으로 1년간 매출액을 산정하여 의무적용 시기를 정할 수 있다. 이 경우 기준 준수에 필요한 시설·설비 등의 개·보수를 위하여 일정기간이 필요하다고 요청하여 식품의약품안전처장이 인정하는 경우에는 2012년 11월 30일(제2항제7호의 경우 2014년 11월 30일)을 경과하지 아니한 기간 내에서 1년까지 의무적용을 유예할 수 있다.

3) 식품오염

섭취할 음식물이 미생물이나 화학물질에 의해 오염되었거나 먹지 못할 상태로 변질된 것을 섭취하였을 경우 인체 내에 유해한 영향을 끼치게 되는 것을 식중독이라 하며 크게 세균에 의한 식중독, 화학물질에 의한 식중독, 자연독에 의한 식중독으로 분류할 수 있다.

(1) 세균성 식중독

병원성 세균이나 그 생성독소가 음식물에 혼입되어 섭취했을 경우 발열, 구토, 복통, 설사 등의 중독증세나 신경계, 그 밖의 전신증상을 일으키는 병을 말하며 발병의 형태에 따라 감염형과 독소형으로 분류된다.

① 감염형 식중독

음식물에서 증식한 세균 및 인체 내의 장관에서 증식한 세균에 의해 발병되는 식중독이며 대표적인 원인균은 살모넬라균, 비브리오균, 병원성 대장균, 웰치균 등이 있으며, 원인식품으로는 육류 및 그 가공품, 어패류, 채소, 우유 및 유제품 등이 있다. 예방법으로는 식품의 냉장보관 및 냉동보관 저장, 가열처리, 칼·도마 사용 시 2차 교차오염주의, 깨끗한 조리환경 만들기 등이 있다.

② 독소형 식중독

음식물에서 세균이 증식할 때 발생되는 독소를 섭취하여 일어나는 식중독으로 원인균으로는 황색포도상구균, 클로스트리디움 보툴리누스균이 대표적이며 원인식품으로는 어육, 통조림식품, 우유 및 유제품에서 발생된다. 예방법으로는 식품취급자는 위생에 주의를 기울이며 손에 창상이나 화농이 있으면 식품을 취급해서는 안 된다. 조리된 음식은 가급적 모두 섭취하고 음식물이 실온에 장시간 방치되어서는 안 된다.

(2) 화학성 식중독

식품첨가물 및 용기 또는 포장 등에 유해성분이 기준치 이상 함유되어 있거나 병충해로부터 농작물을 보호하기 위하여 사용한 농약이 식품 내에 잔류하여 그 식품을 먹고 중독을 일으키는 것을 화학성 식중독이라고 한다. 화학적 식중독을 일으키는 원인 물질들은 환경을 오염시키는 주원인이며 인체에 매우 유독하고 그 범위 또한 넓기 때문에 각별히 유의하여야 한다.

(3) 자연독에 의한 식중독

버섯이나 복어 등 식품 내에 함유되어 있는 독소류를 섭취하고 발병되는 식중독으로 세균성 식중독이나 화학적 식중독 등에 비해서 발생빈도는 낮은 식중독이지만 사망자 수는 제일 많다. 대표적인 원인식품으로는 복어, 버섯, 조개류, 감자, 대두 등이 있다.

주방에서 사용되는 설비와 기구

1. 칼의 정의

주방에서 조리사들이 가장 많이 사용하는 조리기구 중에 하나가 칼인데, 칼은 주방에서 가장 상징적이고 많이 쓰이는 도구임에 틀림없다.

과거에는 단순히 물건을 자르고 식재료를 자르는 등의 행위를 위해서 칼을 필요로 했지만 현대에는 식재료의 종류에 따라 사용하는 칼의 종류도 굉장히 많아지고 소재 또한 다양해지고 있다. 하지만 무조건 비싸다고 좋은 것이 아니라 자신에게 맞는 칼을 찾고 평소의 보관과 손질이 중요하다고 생각한다

칼을 선택할 때에는 칼날이 오랫동안 보존되는 것, 손잡이가 편안하고 균형이 잘 잡힌 칼, 칼날과 손잡이 부분의 쇠가 하나로 이루어진 것을 선택해야 한다.

칼의 명칭

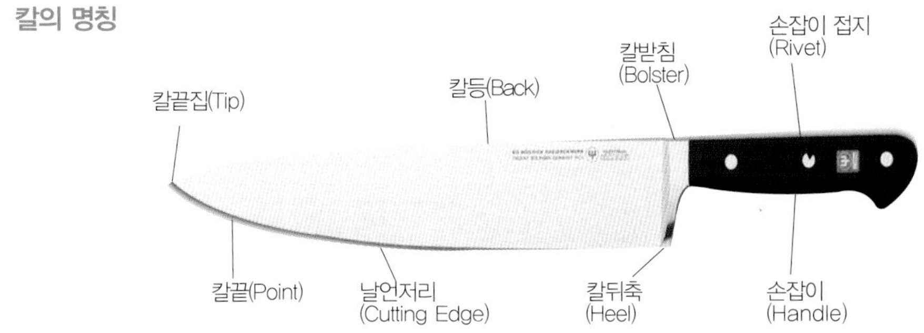

1) 칼 잡는 법

① 누르는 법

일반적으로 흔히 사용하는 칼 잡는 방법으로서 먼저 엄지손가락과 집게손가락은 칼날을 감싸주고 남는 손가락으로는 칼자루를 가볍게 잡아준다.

② 딱딱한 식재료 자를 때 칼 쓰는 법

왼쪽 손가락과 손가락 사이에 재료를 끼워 넣고 오른쪽 엄지손가락으로 칼등을 누르고 나머지 손가락으로 손잡이를 잡고 칼날의 끝을 세게 누른다. 칼의 뒤꿈치 부분을 힘껏 내리친다.

③ 부드러운 식재료 자를 때 칼 쓰는 법

부드러운 재료나 얇게 썰거나 모양을 내야 하는 세심함을 요하는 식재료를 자를 때 사용하는 방법으로 왼손으로는 식재료를 조심스럽게 잡고, 오른손 엄지손가락은 칼날을 감싸고 집게손가락은 칼등에 세로로 올려준 후에 자르는 법이다.

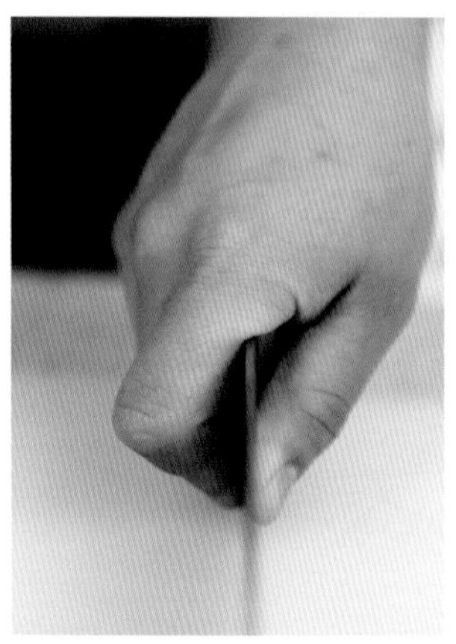
• 누르는 법

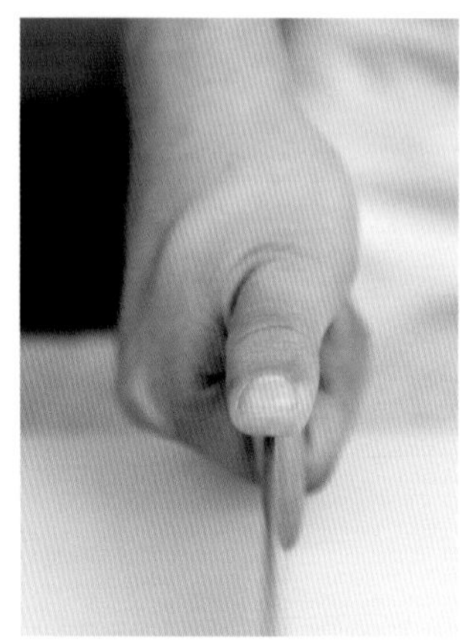
• 딱딱한 식재료

• 부드러운 식재료

2) 칼 가는 법

① 숫돌에 칼 가는 방법

조리를 할 때 가장 기본적으로 많이 사용되는 주방기물은 바로 칼이라고 할 수 있다. 칼은 항상 칼날이 예리하고 날카롭게 손질해서 사용해야 하며 칼날이 무디면 손을 다칠 위험성이 매우 크다. 칼의 날을 세우기 위해서는 숫돌을 이용하여 하는 것이 가장 좋은데 그 방법은 다음과 같다.

①-1. 먼저 숫돌은 물에 30분 이상 충분히 담가 수분이 충분히 흡수된 다음에 사용하는 것이 좋다.

①-2. 숫돌을 이용하여 칼을 갈 때에는 숫돌이 움직이면 손을 다칠 위험성이 있기 때문에 숫돌 밑에 젖은 행주나 젖은 면보를 깔아 고정시키는 것이 중요하다.

①-3. 입자가 거친 숫돌 쪽으로 칼날이 앞쪽을 향하게 한 후 밀 때는 힘을 주고 당길 때는 힘을 빼주면 된다. 칼날과 숫돌의 각도는 15도가 적당하다.

①-4. 편날 연마일 때에는 한쪽을 80~90% 정도 갈아주면 되고, 양날 연마일 때에는 50% 정도만 갈아주면 된다. 칼을 뒤집어 갈아줄 때에는 방법은 같으나 편날 연마일 때에는 10~20% 정도 갈아주고, 양날 연마일 때는 50%를 갈아주면 된다.

• 물에 숫돌 담가놓기

• 밀기

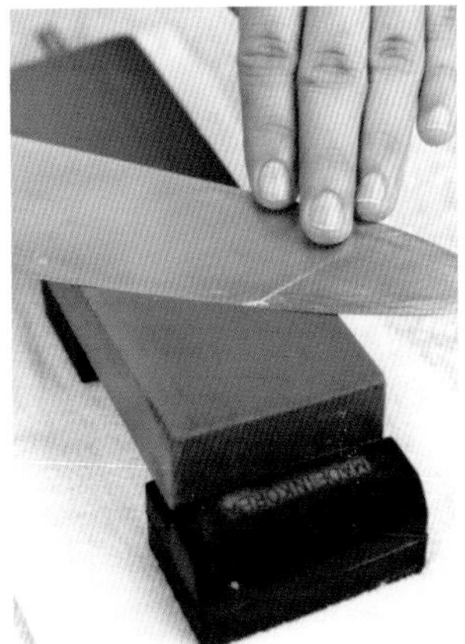
• 당기기

①-5. 칼을 갈아주는 중간중간에 물을 뿌려 쇳가루를 없애주는 것이 좋으며 날의 상태를 확인해 가며 갈아주면 된다.

※ 숫돌에 칼을 갈다 보면 숫돌의 중앙이 닳게 되는데, 그대로 사용하면 칼날이 다 상하게 되므로 전용 숫돌갈이나 거친 방수 샌드페이퍼를 이용하여 숫돌을 평평하게 만들어 사용해야 칼날의 손상을 막을 수 있다.

② 쇠 칼갈이 봉에 칼 가는 방법

업장에서 바쁜 시간에 칼날이 잘 안들 경우 급하게 임시방편으로 칼날을 세울 수 있는 방법으로 다음과 같다.

②-1. 칼갈이 봉을 세워서 칼을 갈 때에는 봉을 약 45°로 기울여 왼손으로 잡은 상태에서 칼을 봉에 10~20도 각도로 반원형을 그리며 문지르면 된다. 한쪽 면을 각각 3~4번씩 문지르는 것이 좋다.

②-2. 칼갈이 봉을 밑으로 향해서 갈 때에는 봉을 밑으로 향하게 잡고, 왼손으로 봉을 잡고 칼은 10~20도 정도의 각도로 반원형을 그리며 문질러주는 것이 좋고, 반대쪽도 같은 방향으로 반복적으로 문지르는 것이 좋다.

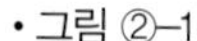

• 그림 ②-1

• 그림 ②-2

2. 칼의 종류

① French / Chef's Knife(프렌치 나이프)

업장의 주방에서 가장 많이 사용하는 일반적인 칼이다.

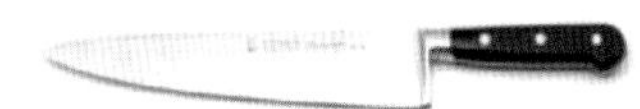

② Fish Knife(피시 나이프)

생선의 뼈를 발라내는 데 사용하고 길이의 날이 유연하고 끝이 뾰족하다.

③ Butcher Knife(부처 나이프)

주로 부처 주방에서 사용하고 고기를 자를 때 사용한다.

④ Boning Knife(보닝 나이프)

가금류나 육류에서 살과 뼈를 분리할 때 사용한다.

⑤ Decorating Knife(데코레이팅 나이프)

야채나 과일의 모양내어 자르기를 할 때 사용한다.

⑥ Petite Knife(쁘띠 나이프)

과일이나 채소를 모양 있게 자르거나 깎을 때 사용한다.

⑦ Cleaver Knife(클레버 나이프)

육류, 생선, 가금류 등의 단단한 뼈를 절단할 때 사용한다.

⑧ Minching Knife(민싱 나이프)

파슬리나 각종 채소를 다지기 위해 사용한다.

⑨ Bread Knife(브레드 나이프)

주로 베이커리 업장에서 사용을 하고 껍질이 딱딱한 종류의 빵을 자를 때 사용한다.

⑩ Cheese Knife(치즈 나이프)

치즈를 용도에 맞게 자를 때 사용한다.

⑪ Paring Knife(패링 나이프)

야채를 다듬거나 껍질을 제거할 때 사용한다.

⑫ Carving Knife(카빙 나이프)

카빙 테이블의 로스트 육류나 가금류를 썰 때 사용한다.

3. 조리용 소도구

조리용 소도구는 조리업무의 효율성을 높여주고 부가가치를 창출하는 역할로 조리에서 빼놓을 수 없는 역할을 하는 것이 소도구의 쓰임새이다.

① Parisian Scoop(볼커터)

과일이나 야채의 볼 커팅을 할 때 사용한다.

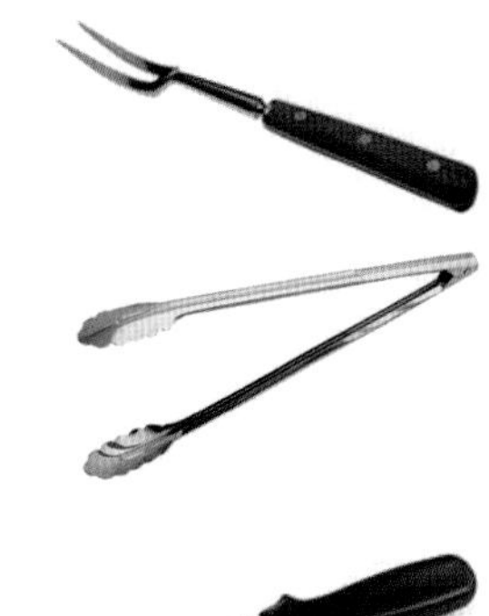

② Kitchen Fork(키친포크)

익힌 뜨거운 고기 덩어리를 다룰 때 사용한다.

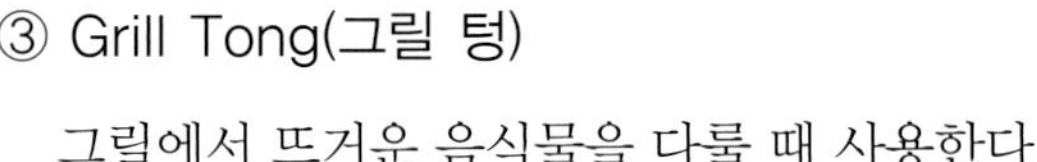

③ Grill Tong(그릴 텅)

그릴에서 뜨거운 음식물을 다룰 때 사용한다.

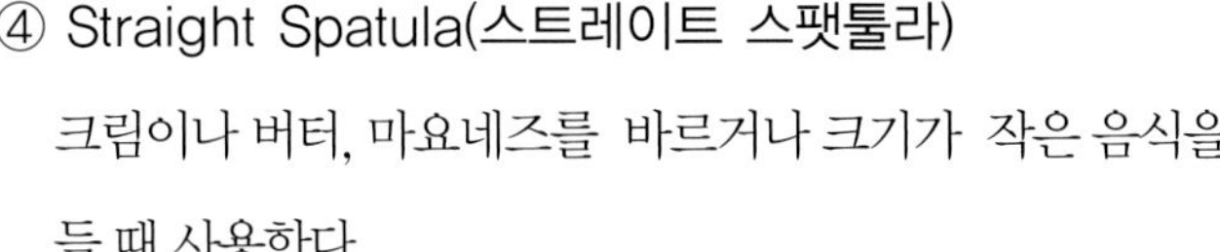

④ Straight Spatula(스트레이트 스팻툴라)

크림이나 버터, 마요네즈를 바르거나 크기가 작은 음식을 들 때 사용한다.

⑤ Zester(제스터)

둥근 과일 특히 오렌지나 레몬 등의 껍질을 벗길 때 사용한다.

⑥ Cheese Scraper(치즈 스크레퍼)

단단한 경질치즈를 긁어 얇게 썰 때 사용한다.

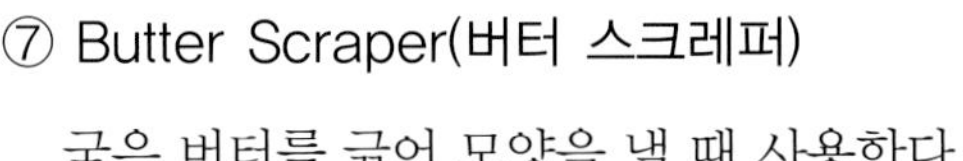

⑦ Butter Scraper(버터 스크레퍼)

굳은 버터를 긁어 모양을 낼 때 사용한다.

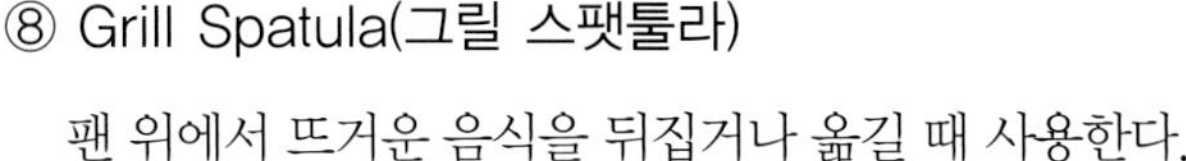

⑧ Grill Spatula(그릴 스팻툴라)

팬 위에서 뜨거운 음식을 뒤집거나 옮길 때 사용한다.

⑨ Meat Tenderizer(미트 텐더라이저)

육류를 두드려서 펼치거나 연하게 할 때 사용한다.

⑩ Sharpening Steel(샤퍼닝 스틸)

무뎌진 칼날을 다듬을 때 사용한다.

⑪ Roll Cutter(롤 커터)

피자나 반죽을 펼쳐 모양대로 자를 때 사용한다.

⑫ Whisk(위스크)

재료를 섞거나 거품을 낼 때 사용한다.

⑬ Fish Scaler(피시 스케일러)

생선 종류의 비늘을 제거할 때 사용한다.

⑭ Egg Slicer(에그 슬라이서)

삶은 달걀을 일정한 두께의 크기로 자를 때 사용한다.

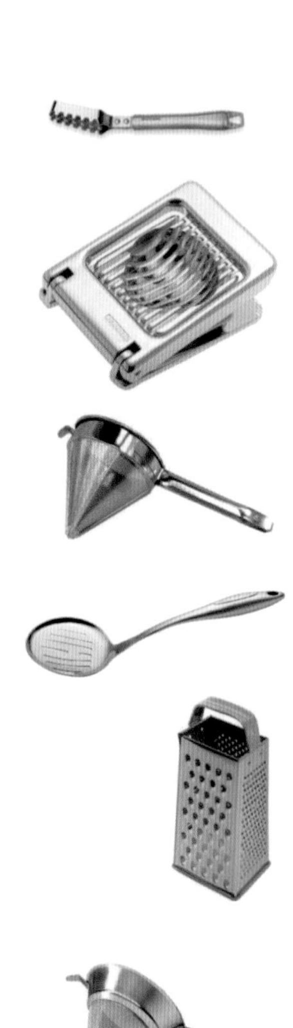

⑮ China Cap(차이나 캡)

소스류나 삶은 감자, 기타 수분이 있는 재료를 거를 때 사용한다.

⑯ Skimmer(스키머)

소스나 육수 등을 끓일 때 거품을 제거할 때 사용한다.

⑰ Grater(그레이터)

치즈나 채소 등의 딱딱한 식재료를 갈 때 사용한다.

⑱ Chinois(시노와)

육수나 고운 소스를 거를 때 사용한다.

⑲ Soled Spoon(소울드 스푼)

대량의 조리 시 볶거나 스푼의 용도로 사용되는 커다란 스푼이다.

⑳ Pepper Mill(페퍼 밀)

통후추를 요리 시 즉석에서 잘게 으깰 때 사용한다.

㉑ Mandoline(만돌린)

채소류용 채칼로 다용도로 사용한다.

㉒ Large Hotel Pan(라지 호텔 팬)

음식물을 담아 보관할 때 사용하며 깊이에 따라 용도가 다양하다.

㉓ Pastry Bag(패스트리 백)

생크림이나 무스, 채소 퓌레 등을 넣어 모양내어 짤 때 사용한다.

4. 주방기기의 종류

① Slicer(슬라이서)

육류, 채소, 생선류 등의 다양한 식재료를 사용 용도에 따라 얇게 자르는 데 사용한다.

② Meat Mincer(미트 민서)

육류, 채소, 기타 식재료들을 곱게 갈 때 사용한다.

③ Vegetable Cutter(베지터블 커터)

당근, 감자, 무 등의 각종 야채류를 칼날의 모양에 따라 다양하게 절단하는 데 사용한다.

④ Food Blender(푸드 블랜더)

수분이 있는 식재료나 음식물을 곱게 가는 데 사용한다.

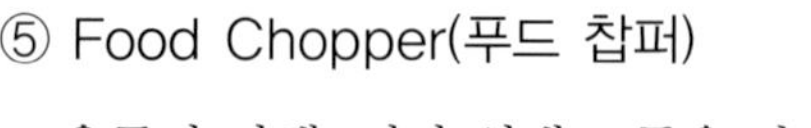

⑤ Food Chopper(푸드 찹퍼)

육류나 야채, 기타 식재료 등을 다질 때 사용한다.

⑥ Meat Saw(절단기)

큰 덩어리의 육류나 뼈를 자를 때 사용한다.

⑦ Flour Mixer(플라워 믹서)

밀가루 반죽을 할 때 사용하나 용도에 따라 식재료를 섞을 때도 사용한다.

⑧ Grill(그릴)

무쇠로 만들어졌으며 육류, 생선, 가금류를 용도에 맞게 구울 때 사용한다.

⑨ Salamander(샐러맨더)

주로 가스를 사용하는 기기로 열원이 위에서 아래로 향하게 되어 있는 조리기구로 음식물의 색을 내거나 익힐 때 사용한다.

⑩ Waffle Machine(와플머신)

위아래로 열선이 있고 와플을 만드는 데 사용한다.

⑪ Low Gas Range(로우가스레인지)

주로 많은 양의 소스나 수프, 육수를 끓일 때 사용하며, 낮은 형태의 가스레인지이다.

⑫ Convection Oven(컨벡션 오븐)

대류열을 이용한 오븐으로 열이 골고루 전달되며, 건열, 습열 요리가 가능하여 음식물을 굽거나 삶거나 데우는 등의 다양한 용도로 사용하는 오븐이다.

⑬ Deep Fryer(튀김기)

각종 재료의 튀김요리에 사용한다.

⑭ Steam Kettle(스팀케틀)

많은 양의 소스나 수프 기타 음식물을 끓이거나 삶아낼 때 사용하는 대형 솥이다.

⑮ Topping Cold Table(토핑 콜드 테이블)

냉장 테이블 위쪽에 식재료를 담을 수 있는 공간으로 구성되어 있어 피자나 샐러드를 만들 때 사용한다.

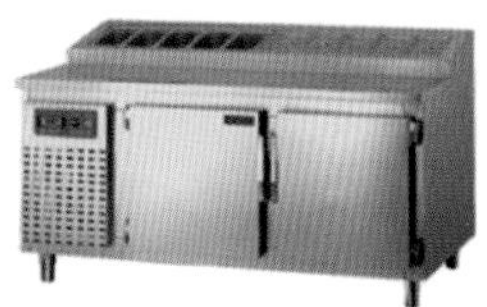

⑯ Cutting Board Sterilizer(커팅 보드 스터리라이저)

도마를 보관하면서 소독하기 위해 사용한다.

⑰ Rice Cooker(다단 취사기)

가스나 전기를 이용하여 많은 양의 밥을 지을 때 사용한다.

⑱ Gas Braising Pan(가스 브레이징 팬)

팬의 각도를 상하로 조정할 수 있으며 대량의 재료를 삶거나 특히 볶을 때 사용한다.

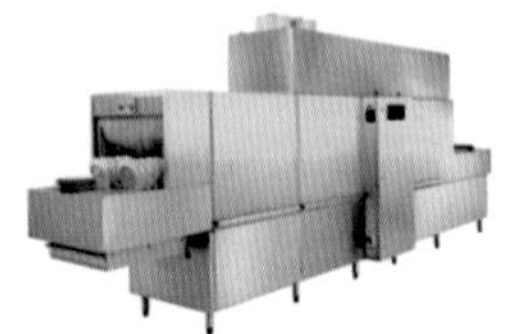

⑲ Dish Washer(식기세척기)

식판, 조리도구, 접시 등을 용기에 넣어 세척할 때 사용한다.

5. 전기버너(Induction)

인덕션 레인지란 IH(Induction Heater : 전자유도 가열기) 조리기기를 의미한다.

1) 인덕션의 원리

자기장 발생으로 철 성분의 그릇에 열을 가하여 음식을 가열시키는 원리이다.

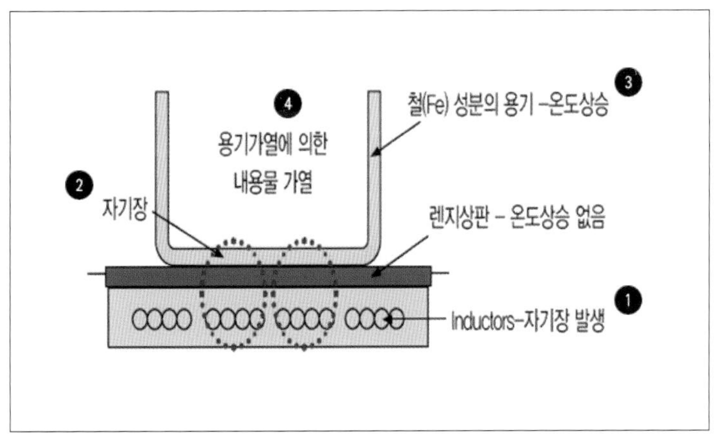

• 인덕션의 원리 사진

■ 인덕션의 원리

- 레인지 상판 아래에 있는 코일에 전류를 보낸다.
- 코일에 자기장이 발생된다.
- 자기장이 상판 위에 놓인 냄비의 바닥을 통과할 때에 냄비의 재질에 포함된 저항성분(철 성분)에 의해서 와류전류를 생성시킨다.
- 냄비 바닥에서 발생한 와류전류는 냄비 자체만을 발열시키므로 레인지 상판의 달구어짐이 없이 그릇만 뜨거워지는 유도가열이 일어난다.
- 인덕션 레인지의 조리기구는 편편한 밑면이어야 한다.
- 구리나 알루미늄은 전기저항이 너무 적어 열을 발생시키지 못하고, 세라믹이나 유리는 저항이 너무 커서 유도전류가 거의 흐르지 못해 열이 발생되지 않는다.

2) 인덕션의 사용상 특징

인덕션 기기를 사용하면 여러 가지 특징이 있으나 업무의 효율과 더불어 주방환경의 개선을 꼽을 수 있다.

• 인덕션 업장 사진

• 추가가능

• 에너지 효율이 높다

– 인덕션 기기는 열효율이 90% 이상으로 순간 효율이 높아 음식을 더 빠르게 더 맛있게 조리할 수 있다.

• 연료비를 절감할 수 있다

– 열효율이 90% 이상이므로 짧은 시간에 많은 양을 가열할 수 있으므로 기존 가스요금의 70%를 절약할 수 있다.

• 쾌적한 환경을 유지할 수 있다

– 폐암의 원인으로 주목받고 있는 음식 조리 시 유해가스 배출이 없어 쾌적하고 안전한 주방을 만들 수 있다.

• 청소가 용이하다

– 레인지 표면이 평평하여 간편하게 청소를 할 수 있어 청결한 주방을 유지할 수 있다.

• 안전하다

– 불꽃이 없어 화상의 위험이 없으며, 레인지 위에 그릇이 없으면 작동되지 않는다.

3) 인덕션의 장점

- 공기 중 산소의 소모가 없고 유해물질의 발생이 없다.
- 고출력으로 조리시간이 단축되고 미세 출력 조절이 가능하다.
- 화재 및 화상의 위험이 낮다.
- 온도 제어를 정밀하게 조정할 수 있다(튀김, 수비드, 육수).

4) 인덕션의 단점

- 사용 가능한 용기에 제한이 있다.
  - 사용 가능한 용기 : 철제, 법랑, 스테인리스
    냄비 구입 시 바닥에 '인덕션용'이라는 표기 확인, 자석이 붙는 냄비의 경우 적합.
  - 사용 불가한 용기 : 유리, 동, 알루미늄, 스테인리스 100%,
    (단, 용기에 코팅(coating)이나 필름(film) 등 특수재료를 용기 바닥에 붙임으로써 사용 가능한 용기로 되는 제품군이 있다.)
    바닥 직경이 12cm 이하인 중화팬, 직화용, 생선구이 망
- 냉각팬이 돌아가면서 소음을 발생시킬 수 있다.
- 전력이 끊어지면 작동을 할 수 없다.

5) 인덕션 사용상 유의사항

- 인덕션 레인지는 내부 부품 보호를 위해 자체 환기 구조가 있는데 이를 잘 유지하도록 하는 조치가 항상 필요하다.
- 일반 가스레인지 주변에서 사용할 경우 인덕션 레인지가 과열되어 작동에 문제가 발생할 수 있다.
- 레인지 주변에 강한 자기장이 분포하므로 심장 보조기를 가진 사람은 이에 가까이 가지 말아야 한다.
- 레인지의 표면이 깨지거나 금이 간 경우에는 사용하지 말고 교환 수리해야 한다.

6) 인덕션과 가스레인지 열원의 비교

인덕션 레인지(전기주방)		가스레인지(기존 주방)
 		열효율 최대 40% 
저비용 주방 폐열이 없는 고효율 제품으로 연료비 절감 LPG 가스 대비 최대 **70%**, LNG 대비 최대 **50%** 절약 효과		**연료비 증대** 버려지는'폐열로 열효율이 낮아 연료비가 상승
빠른 가열속도 / 세밀한 온도조절 고화력과 세밀한 온도 조절로 요리가 빠르고 맛있게 조리 조리의 메뉴얼화와 일정한 맛의 유지 가능		**느린 가열 속도 / 온도조절의 어려움** 느린 가열 속도와 세밀한 온도 조절이 어려워 메뉴얼화 하기 어려움
유해가스 NO, 안전한 주방 유해가스 배출이 없어 건강한 주방 환경 10여 가지 안전장치로 화재 위험을 최소화 불꽃이 없어 화상의 위험도 없다.		**유해가스 발생** 가스와 불꽃으로 인하여 발생하는 일산화탄소 등은 인체에 유해하며, 화재 등의 사고로 이어질 수 있음
쾌적하고 시원한 주방 주방 온도를 10℃ 이상 낮출 수 있어 쾌적한 주방 냉방 및 급배기 시설 비용 절감		**주방 온도 상승** 열이 분산되어 주방의 온도를 상승시킴 여름철 더위 속에서 요리를 해야 하는 불편함이 있고, 냉방 및 급배기 시설을 위한 부대시설 비용 증가
쾌적한 저탄소 HACCP 주방 CO_2 배출이 30% 이상 감소하는 쾌적한 '저탄소 HACCP 주방' 식중독균 등 위해 요소 최소화하는 HACCP 주방		**연소로 폐가스, 그을음 발생** HACCP 기준 충족 곤란함
저소음, 후드 마력 50% 감소		**배기후드 소음, 가스 분출 소음**

• 열원의 비교

7) 주방별 인덕션의 배치

- FOH : Front of house(홀)
  - 워머(warmer), 포터블(portable)
- BOH : Back of house(메인 주방)
  - 낮은 레인지, 밥돌이, 오븐 : Show kitchen(라이브 주방)
    업무의 동선, 화구수, 화력, 크기, 디자인에 의해 선택된다.
  - 그릴드, 튀김기, 면 레인지, 중화 레인지
- Production kitchen (대량이나 단체급식)
  - 대형 케틀, 그릴드, 취단기, 튀김, 낮은 레인지, 오븐

8) 인덕션 레인지가 필요한 환경

- 지하에 주방이 위치한 경우
- 다중 이용 시설이 있는곳
- 작은 형태의 주방으로 이루어진 곳
- 고효율 저비용을 추구하는 주방

9) 인덕션 기기별 특성

(1) 매립형 워머 인덕션

주방설비에 매립하여 설치할 수 있는 인덕션 형태이다. 온도 조절은 35~90℃ 범위에서 8단계로 정밀하게 선택 조절할 수 있어 중탕이 필요없는 장점이 있다. 차핑디시 대신에 다양한 용기로 메뉴를 여러 가지로 표현할 수 있으며 관리가 편하다.

(2) 내열 강화 구이용 인덕션

고강도 유리 상판으로 만들어졌으며, 고열을 필요로 하는 구이요리 전용으로 빠르고 강한 화력으로 최상의 구이를 할 수 있도록 하였다.

(3) 포터블 타입(이동식 인덕션)

정밀한 온도 제어로 저온 요리에서 고온 요리까지 가능하다. 음식물 온도를 직접 제어하여 튀김, 수비드 쿠킹, 초콜릿 멜팅, 퐁뒤 등 다양하게 활용이 가능하다.

(4) 낮은 레인지

대량의 육수나 수프를 끓일 때 일정한 온도를 유지하며 맛을 낼 수 있도록 하며 온도센서 작동으로 정확한 온도로 균일한 품질의 육수를 추출할 수 있으며 보온유지가 가능한 큰 용량을 위한 인덕션 레인지이다. 프로덕션, 메인키친에 적합하다.

(5) 측면 가열형 튀김기

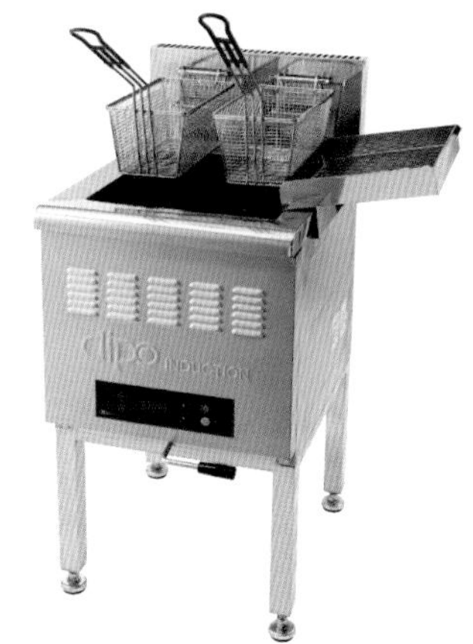

측면 가열방식으로 가스 대비 기름의 절약과 연료비 절감 효과를 볼 수 있다.

정밀한 온도제어로 기름의 산패가 적고, 기름 타는 냄새가 나지 않으며, 온도센서의 작동으로 빠른 온도 복원으로 저온 튀김이 가능하다.

110℃ 이하의 쿨존과 찌꺼기망이 있으며 화재로부터 안전하고 찌꺼기 제거 및 청소관리가 용이한 튀김용 인덕션이다.

(6) 클라드 그릴드(clad grilled)

기존의 그릴판과 다르게 판을 이중으로 하여 중간에 알루미늄을 넣어 압축한 형태의 그릴판으로 이루어졌으며, 전기그릴에 비해 30%, 가스그릴에 비해 7배의 연료비를 절감할 수 있다.

상판 온도가 균일하고 짧은 시간에 고화력으로 올릴 수 있어(260℃까지 온도가 상승하는 데 9분 소요) 전요리뿐만 아니라 스테이크 요리도 가능한 클라드 인덕션이다.

(7) 회전국솥

대용량 장시간 조리가 가능하며, 용기 자체가 뜨겁지 않아 화상으로부터 안전하다. 폐열이 없고 유해가스 배출이 없는 친환경 회전국솥으로 보온모드 사용 시 정확한 온도로 보온유지 및 일정한 국물 맛을 유지할 수 있다.

연료 절감은 물론 정확한 온도조절 장치로 조리시간을 단축할 수 있다(250L를 끓이는 시간 50분 소요). 탕이나 볶음 또는 튀김요리도 가능하다.

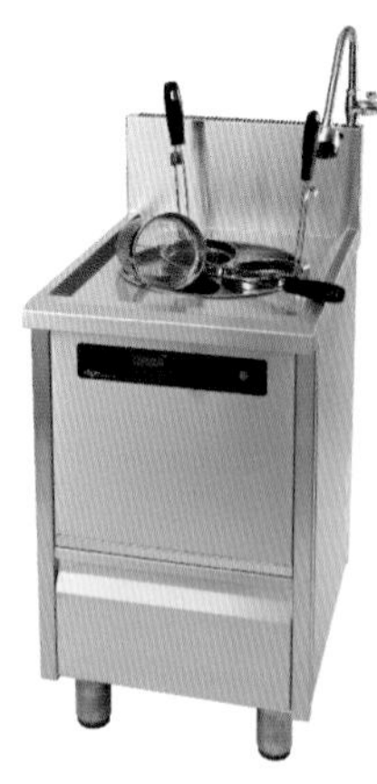

(8) 면 레인지(누들 인덕션)

국수, 냉면, 라면, 파스타 등 면 전문점에 필요한 레인지로 상수 꼭지와 배수 처리가 쉽게 구성되었다. 고화력의 기능과 자동 온도 조절이 가능하여 최상의 면 품질을 유지할 수 있는 인덕션 레인지이다.

(9) 3단 취반기

고온에서 빠른 시간 조리로 밥맛을 최고로 조리할 수 있으며, 150인분의 조리시간을 40분 이내로 할 수 있다.

후드가 필요 없으며 연속 취사가 가능하여 취반 개수를 줄여 사용할 수 있으며 항상 일정한 레시피로 요리에 변화를 주어 완성할 수 있다.

(10) 중화 레인지

화력 조절이 편리한 디지털 조작과 상단의 대형 디스플레이 화면으로 화력 분별이 용이하다. 빠르고 강한 화력을 가지고 있으며 팬액션에 대한 빠른 응답 속도를 보여 팬액션도 살릴 수 있다.

연료비의 획기적 절감과 물 절약은 물론 소음감소 효과도 크다.

(11) TCK튀김기 세트

튀김용 볼, 용기 고정용 가이드, 온도센서, 온도센서 고정용 클램프로 구성되어 있으며, 튀김요리 전용이다.

(12) 높은 레인지

높이를 높인 인덕션 레인지로서 강한 화력을 중심으로 대량의 튀김, 볶음과 대용량 탕, 육수의 장시간 조리에 적합하다.

인덕션의 특징상 좁은 공간에서 고화력의 효과를 볼 수 있으며 정밀한 출력조절로 저출력의 보온부터 고출력의 조리까지 다양하게 사용할 수 있다.

(13) 탕 · 샤부용(보급형) 인덕션

소형으로 테이블용 프로그램 쿠킹이 자유로운 인테리어 연출이 가능하며, 1인 샤부요리에 적합하다.

호프집, 주점 등 탕, 안주 보온용으로도 사용된다.

(14) 밥돌이

IH(전기유도가열 방식) 방식으로 가스보다 더 빠른 조리속도 (2분 30초 / 1~4인)와 다양한 인분의 밥과 다양한 용기(가마솥)의 사용이 가능하며 화구별 최대 4가지 이상의 레시피 설정이 가능하다.

6. 분자요리

과학과 요리의 결합. 과학적 방식으로 새로운 맛을 표현하고, 재료의 질감이나 조직을 물리화학적으로 상태를 바꾸어 색다른 음식으로 만들어 내는 것이 분자요리이다.

분자요리는 1988년 옥스퍼드대학교의 물리학자 니콜라스 쿠르티와 프랑스 화학자 에르베 티스가 식재료의 변형에 대한 연구를 하면서 서신을 교환하던 중 '가열로 인한 식재료의 변형'을 어떻게 부를까 고민하다가 분자요리라 명명하자고 한 것이 계기가 되어 탄생되었다고 한다.

분자요리의 핵심은 식재료에 대한 이해를 바탕으로 21세기에 발명된 모든 도구를 이용해 최고의 맛과 풍미를 찾아내고 표현하는 것이다. 즉, 음식의 조직, 식감, 촉감, 향 등의 보존과 변화를 통해 맛과 영양을 최고로 올리는 게 분자요리의 핵심이다.

1) 분자요리의 특성

분자미식학은 오랜 시간 조리방법의 발달과 함께 시간을 거슬러 전해진 식재료, 조리방법 등 조리와 관련하여 전반적으로 관련된 학문이다.

과학적이며 실험적이라는 특징이 있다. 조리주방에서 가스는 화학, 분자적인 요소를 열로 다루는 물리학, 발효음식은 미생물학, 조리기구와 도구는 공학, 육류는 해부학, 조리포장은 저장학으로 학문적인 관련성을 가지고 있는 특징을 나타내고 있다.

(1) 식재료의 다양성

식품산업분야는 물론이고 일반적 가정에서도 많은 먹을거리에도 식품첨가물이 사용되고 있다. 우리가 흔히 접할 수 있는 식품의 기능성을 위해 사용되는 첨가물 등은 알긴산, 잔탄, 염화칼슘, 레시틴, 아가 등 다양한데 이는 젤리의 농도, 제품의 유화, 점성, 제품의 유화, 점성, 거품의 안정성 등의 특징을 위해 사용되고 있다.

(2) 조리도구의 다양성

일반적인 요리와는 달리 분자 미식학은 기존의 요리와 다른 음식의 질감과 구조를 과학적으로 분석하여 새로운 방법과 새로운 재료와의 조화를 찾아내는 특징이 있다. 주방에 비커, 주사기, 증류기, 농축장치 등 실험실 같은 실험 장비들이 갖추어진다.

2) 분자요리의 물리적 변화와 화학적 변화

(1) 물리적 변화

물리적 변화는 물질이 단지 물리적으로 변화하지만 분자구조는 변화하지 않는다는 것을 의미한다.

물이 끓어 수증기가 되는 것은 물리 변화의 대표적인 예로 화합물(물질)이 상태가 변화되는 현상을 의미하며, 즉 '물'도 물, '수증기'도 물의 일종이다. 단, 물은 액체이고 수증기는 기체 상태일 뿐이고, 기본적인 성질은 변하지 않는 현상을 물리적 변화라 할 수 있다.

(2) 화학적 변화

물리적 변화와는 달리 화학적 변화는 물질의 원자 배열이 달라지는 변화가 일어난다. 예로 설탕을 용해시키면 설탕분자는 화학적 변화 없이 물 분자 내에서 녹는다. 이 설탕물을 증발시키면 설탕 결정을 다시 얻을 수 있고 용해시키기 전의 설탕분자나 증발시킨 후 결정으로 얻어진 설탕분자의 구조나 성질은 같다.

그러나 설탕에 열을 지속적으로 가하면 무색에서 갈색으로 변화하면서 설탕분자의 수분이 공기 중으로 증발되면서 검은 탄소 재만 남게 된다. 이것은 설탕의 성질과 전혀 다른 새로운 물질로 원자의 배열이 달라지게 되는 것이며, 즉 화학적 변화가 일어났다고 할 수 있다.

즉, 식재료에 열을 가하거나 다른 조미료 등을 넣으면 요리 시 상태가 변하는 경우가 화학변화이다.

3) 분자요리의 조리법

분자요리의 조리법에는 탄산화 기법, 진공저온조리법, 거품추출법, 구체화 기법, 젤리화 기법, 유화 기법, 농밀기법 등이 있는데 마치 과학 실험실 같은 주방의 모습을 볼 수 있다.

(1) 탄산화 기법은 이산화탄소가 많은 요리에 직 · 간접적으로 사용된다. 요리과정에서 자연적으로 발생하는 이산화탄소를 비롯하여 직접 음식에 사용하는 경우도 많다. 대표적인 탄산화 기법은 사이펀을 이용한 것으로 사이펀 안에 과일을 잘라서 넣고 이산화탄소 캡슐을 넣고 이산화탄소를 주입하면 과일에 탄산화가 이루어져 새로운 음식이 된다.

(2) 진공저온조리법은 육류와 생선이 조리 온도에 따라 변화되는 단백질 변성의 원리에 따라 개발된 조리법이다. 육류는 근섬유에 따라서 고기가 질겨지거나 연하게 되는데 단백질은 40℃에서 변성되고 50℃에서 섬유소가 수축되며 55℃에서는 미오신의 섬유부분이 응고되고 콜라겐이 응고되기 시작된다. 이 온도를 중심으로 육류의 가장 부드러운 타협점을 찾는 방법을 진공 조리법이라고 한다.

(3) 거품추출법에서 거품은 액체나 고체 속에서 방울 형태나 기체 형태로 구성되어 3가지의 상태가 혼합되어 있는 것이다. 분자요리의 용어로는 폼(foam)이라고 하는데 가장 많이 사용되는 식품첨가물은 레시틴이다. 레시틴이 거품을 형성하고 거품의 구성시간을 연장시켜 줌으로써 새로운 맛의 거품이 생겨나고 있다.

(4) 구체화 기법에서 구체화를 만들기 위한 재료로 첨가물 종류인 알긴산나트륨을 사용하는데 예를 들어 액체재료나 주스에 알긴산을 섞어 염화칼슘 수용액에 떨어뜨려 동그란 원 모양으로 만드는 방법이다. 그 외의 첨가물로는 잔탄검(xanthan gum), 시트러스(citrus), 글루코스(glucose) 등이 있다.

(5) 젤리화 기법은 과거에도 과일의 펙틴과 해초류의 한천과 동물의 젤라틴을 이용해서 젤리화시키는 방법을 요리에 많이 사용해 왔다. 겔화제로는 카라기난(carrageenan), 아가(agar), 메틸 분말 제품 등이 사용되며 견고성과 탄력성을 이용하는 기법이다.

(6) 유화 기법에서 유화란 물과 지방의 매개체로 서로 섞이지는 않으나 2개의 재료를 연결하는 성질을 말한다. 유화를 이용한 요리는 마요네즈와 퐁뒤(fondue)가 대표적이다.

(7) 농밀기법은 예전에 수프나 소스에서 많이 사용하였던 루(roux)를 들 수 있는데 많은 양의 요리에 밀가루를 쓰게 되면 음식의 끝 맛에 영향을 주게 된다. 농밀재료를 최소한으로 쓰고 요리의 마지막 맛에 영향을 주지 않는 대표적인 재료로는 잔탄검과 타피오카(tapioca) 전분이 있다.

4) 분자요리의 단점

(1) 단지 눈에 보이는 프레젠테이션이라는 피상적인 수준을 극복하고 건강에 대한 접근을 강조하여 요리에 영양적, 위생적 가치를 더욱 부여해야 한다. 식품산업 분야에서 첨가물과 화학물은 인체에 아무런 영향을 주지 못한다는 연구결과가 있음에도 불구하고 현대인들은 건강과 자연적인 재료 본연의 맛을 즐기는 경향이 많이 늘어나고 있기 때문에 이 부분을 극복할 수 있도록 해야 한다.

(2) 장비구입과 장비운영에 따른 지나친 운영비와 인건비의 문제도 있다. 분자요리에 사용되는 장비는 엄청난 고가의 장비가 대부분이며, 또한 자체 제작하여 사용하는 경우도 있어 비용이 많이 든다. 재료 구입의 문제점도 있다.

또한 분자요리 관련 교육기관과 인적자원의 부재도 문제가 있다. 분자요리는 단지 새로운 영역의 요리이기보다는 기존의 요리재료의 구조 및 특성을 과학적으로 분석해서 분자요인을 숙지하여 그것에 맞는 첨가물과 과학적 조리기구 및 장비 등을 이용하여 개발하는 메뉴이다.

5) 분자요리 도구

• Dewar Flasks(듀어플라스크)

질소용 용기로 아이스크림 샤베트 등을 만드는 데 사용한다.

-200℃에서 200℃의 온도를 견디며 분자요리의 여러 가지 다양한 표현을 연출할 수 있다. 붕규산 유리로 제작되어 내산, 내열, 액체질소를 저장하기에 좋다. 모든 듀어플라스크의 안정성을 위해 아랫부분을 무겁게 제작한다. 열전도를 줄이기 위해 벽과 벽 사이에 패드가 있다.

• Caviar Box(캐비어샷)

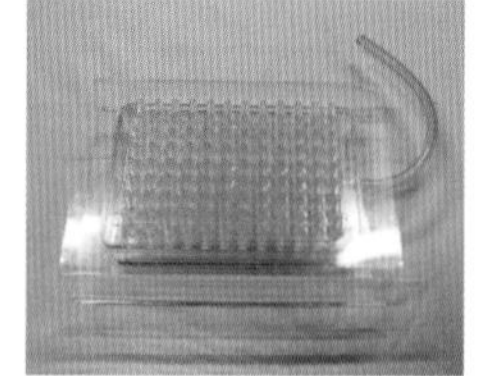

다량의 캐비어를 한꺼번에 만들 때 사용하며, 1회 약 900개가량의 캐비어를 생산할 수 있다.

• ISI Gourmet whip(gourmet 사이펀)

에스푸마를 만들거나 액체 또는 고체에 질소를 주입하여 사용한다.

진공 절연, 이중 벽으로 둘러쌓여 있다.

최대 열 성능은 최소 3시간 최대 8시간 동안 추위와 따뜻한 내용을 유지한다.

• 9구 젤리피케이션(떡틀/양갱틀)

공기떡, 오아시스 등을 만들 때 사용되며 굳혀서(젤리류) 편리하게 꺼낼 수 있다.

• Smoking gun(스모킹 건)

스모크 향을 낼 때 사용한다. 권총 모양의 단일품으로 알루미늄 훈연함을 포함하고 있다. 배터리를 통해 동작할 수 있는 모터는 소음을 줄이고 효율성을 높일 수 있으며, 열을 견딜 수 있는 금속 송풍기 팬이 장착되어 있어 톱밥에 불을 전달하여 나무 훈제의 맛과 향을 낼 수 있다.

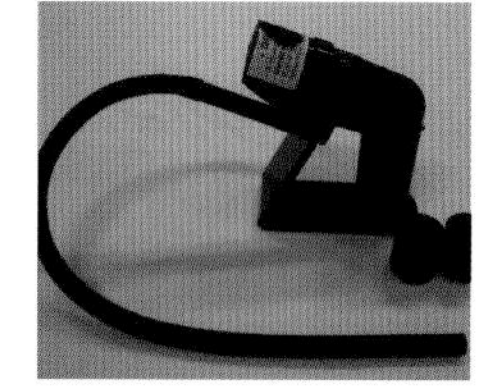

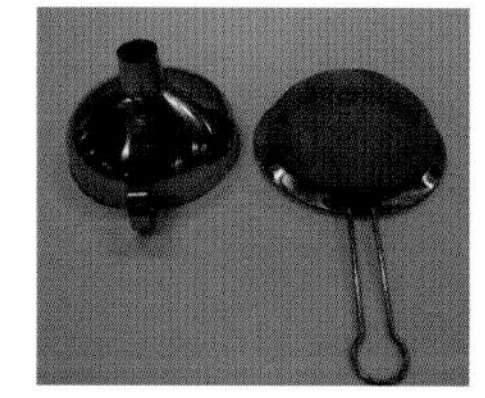

• Funnel & sieve(펀넬시브)

용액을 거르며 사이펀에 넣을 때 사용한다.

• Nitro Jar(니트로자)

액화질소를 소분하여 옮겨 담는 통이다.

진공 구조로 이루어진 내부는 강화 유리로 이루어져 있으며 장시간 냉기를 보존하기에 적합하게 되어있다.

극저온의 내부와는 달리 외관에 서리가 생기는 현상이 없다.

• Magentic stir(마그네틱 스틸러)

자기력을 이용해 용액을 섞어 주는 데 사용한다.

교반의 방향 전환이 가능하며, 내화학성 재료로 만든 플레이트와 몸체가 하나가 되어 작동한다.

• TYGON hose(타이곤 호스)

소토를 이용한 버블 생성 시, 공기주입기에 연결해 사용한다.

• Spoit/Pipett(스포이트 / 피펫)

소량의 액체를 가감할 때 사용한다(예 : 향료).

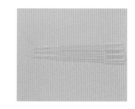

• R_CHEMY 12종(하이드로콜로이드 12종)

하이드로콜로이드는 분자요리에서 물리 화학적 변화에 있어 핵심적인 첨가물들이다.

LACTO(락토), LECITHIN-S(레시틴), ALGINA(알지나), IOKA(아이오카), AGAR2(아가2), CITRAT(시트라트), CALCO(칼코), GLCETER(글리스터), KACA(카파카라기난 배합체), Proespuma Cold(프로에스푸마 콜드), SOTO(소토), gallen(젤란), Trans Glutaminase-tg(트랜스그루타미나아제)

• Saw dust Wood Chip(우드칩)

우드칩이란 죽은 나무나 폐기된 나무를 수거해 연소하기 쉬운 칩 형태로 분쇄하여 에너지원으로 사용할 수 있게 만든 제품으로 스모킹 건에 넣고 불을 붙여 사용한다.

• ISI Injector tips(인젝션팁)

사이펀 팁 자리에 꽂아 다른 모양을 내고자 할 때 사용한다.

• Misty Sieve(미스티시브)

아주 세밀한 입자까지 거를 수 있도록 초정밀 망으로 이루어졌으며, 액체에서 공기를 뺄 때 사용한다.

• Air form bath A(에어폼 베스A(정사각형))

레시틴 거품용. 핸드블렌더(이멀젼블랜더)로의 에어폼 제조 시 사용되는 투명한 플레이트이다.

• Air form bath B(에어폼 베스B(직사각형))

핸드블렌더(이멀젼블랜더)로의 에어폼 제조 시 사용되는 투명한 플레이트로 레시틴을 이용한 거품을 사용한다.

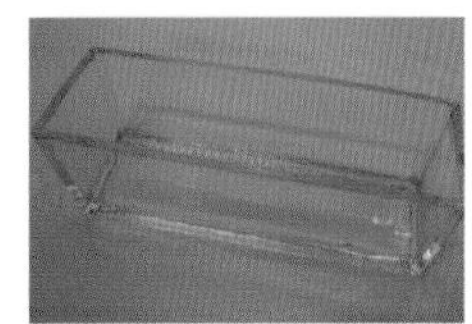

• Heat Resistance Standard Beaker(비커)

용액을 용량만큼 담거나 잴 때 사용하는 계량컵이다.

• Nitro coulant mould round(니트로 라운드 몰드)

젤리나 아이스크림 등의 모양을 잡는 데 사용, 원형의 몰드에 넣고 액체질소에 담그면 모양을 잡을 수 있다.

• Filter Syringe(주사기)

베이직 스페리피케이션에서 다른 액체, 오일, 공기 등을 넣을 수 있다.

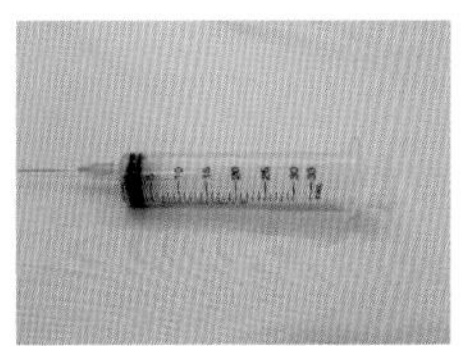

• Nitro Basket cover round(니트로 바스킷)

질소를 옮겨 담아두는 통으로 사용한다. EVA(에틸렌+초산비닐모노머를 공중화시켜 얻어지는 중합체) 고무로 만들어지고 지속 활용이 가능한 이 제품은 기존의 고가의 니트로 볼을 대체할 수 있는 무독성 니트로 제품이다.

냄새가 없으며, 비활성이며 약물 전달 장치와 같은 생명공학에서 사용되며 니트로 아이스 바스켓은 절연용, 적재용으로 부서지지 않고, 가벼우며 물이 새지 않는다. 얼음 또는 드라이 아이스(-78℃), 액체 질소(-196℃), 알코올, 염류 용액 또는 뜨거운 용액(93℃) 등에서 사용에 적합하다.

- Sphere molds(실리콘몰드)

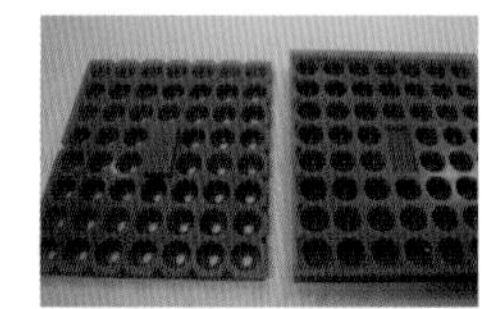

지름 23mm 한 번 사용 시 54개를 생성, 공기가 몰드에서 머물지 않게 해주며 소스 총이나 파이핑 백을 편안하게 사용할 수 있게 해준다.

- plate cover Rubi with valve(스모킹 건용 커버)

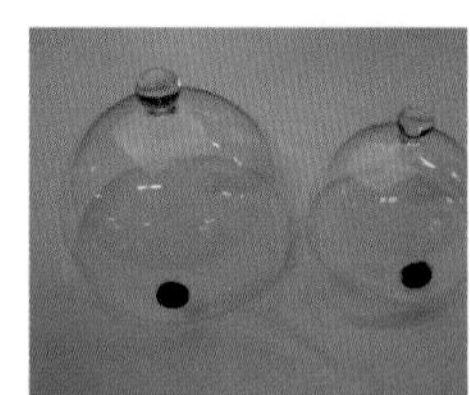

커버를 덮은 상태로 스모킹 건의 연기를 주입한다.

- caviar Shooter 3 Hole(3구 튜브)

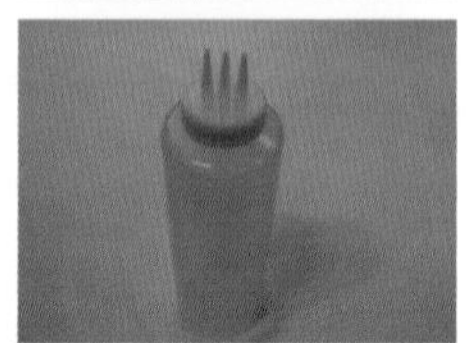

다량의 캐비어를 한꺼번에 만들 때 사용한다.

- Laser Thermometer(레이저 온도계)

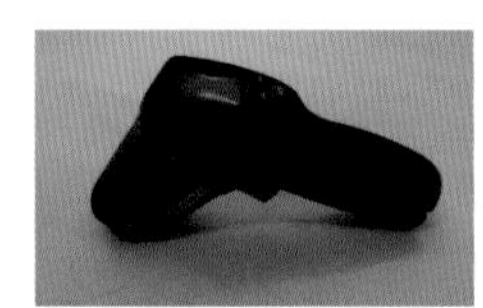

접촉하지 않고 온도를 잴 때 이용한다.

광학 해상도 1초 미만의 응답시간과 정확한 비접촉식 온도 측정이 가능하며, ℃/℉ 스위치가 자유롭다.

- Whip Support(사이펀 지지대)

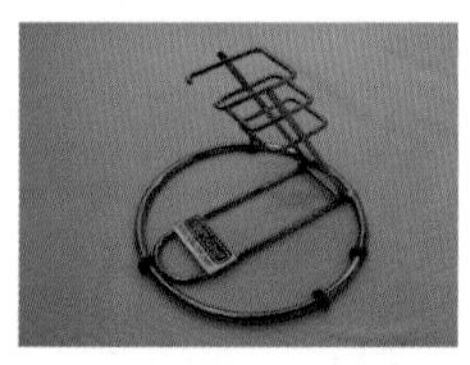

사이펀을 거꾸로 놓아 바로바로 사용할 수 있게 해준다.

- PH meter(산도계)

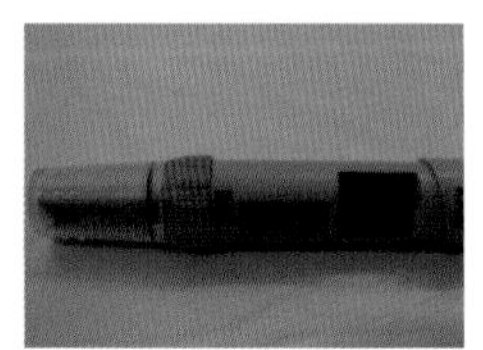

용액의 pH를 측정할 때 사용한다.

측정 범위는 0~1000ppm이다.

- Macarron Kit(마카로니 키트)

  젤리피케이션 파트에서 아가를 이용한 마카로니젤을 만들 때 이용한다. 빠르고 쉬운 생산이 가능하며 다용도로 사용할 수 있다.

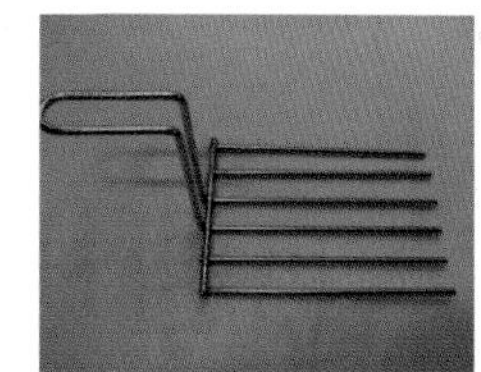

- Caviar Shot Glass(캐비어 샷 글라스)

  스페리피케이션 및 아가를 이용한 캐비어를 만들 때 사용한다. 작은 구형(캐비어) 제조 시 유용하며 제조 후 타공 스푼(체)에 부어 건져내기 편리하다.

- Tepan Nitro Salva-G(니트로판)

  베스에 액체질소를 담은 뒤 철판을 냉각시켜, 용액을 짜서 급속도로 얼릴 때 사용한다. 뛰어난 열적 특성이 있으며 안정성이 높다. 가벼우며 충격 방지에 강한 폴리프로필렌 용기이다.

- Dry ice siphon tank(이산화탄소 탱크)

  이산화탄소를 저장한다.

- Chember 액체단식(챔버(진공기)

  1) 수비드를 위한 진공팩을 이용해야 한다.
  2) 액체에서 기체를 제거하고자 할 때(공기 제거) 최적이다.
  3) 고체에 액체를 순간 주입할 때(30초 피클 만들기) 최적이다.
  4) 음식물의 신선도 유지와 위생적인 보관을 위해 최적이다.
  5) 유통기한(냉장저장시간)을 연장하는 데 최적이다.
  6) 예열이 필요 없는 절전용 순간 비닐 접착 장치가 되어 있다.

• 10 tray w/ss trays(건조기)

식품 건조용

대류순환방식의 히팅 시스템 - 외부의 찬 공기를 흡입하여 히터를 통해 온풍으로 바뀌어 따뜻한 공기를 위로 올려 순환시켜 건조시키는 방식의 건조기이다.

• Nitro Tank M.V.E(액체질소 탱크)

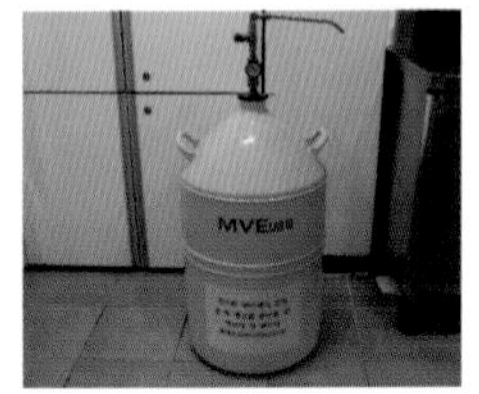

액체질소를 담아 저장한다. 높은 압력을 견디도록 설계되었으며, 우수한 진공을 유지하며, 가벼운 무게와 이동 및 운반에 용이하다.

• Centrifugal separator(원심분리기)

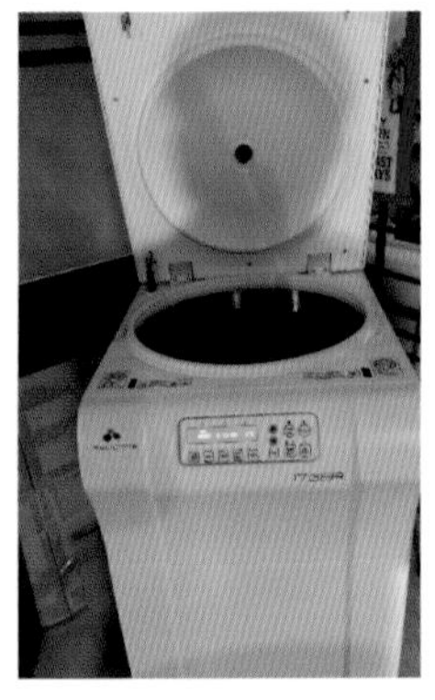

밀도가 다른 액체 또는 액체와 고체를 원심력을 이용하여 분리하는 기계로 실험실용, 설탕 정제용, 우유 탈지용 등 여러 가지가 있다. 원심분리기의 성능은 중력에 대하여 몇 배의 원심력이 생기는가에 따라 결정되며, 그 회전수는 수동식인 경우 매분 수백 회전, 전동식의 경우 수천 회전, 초원심분리기의 경우 수만 회전이다. 원심분리기는 저속원심분리기, 고속 원심분리기, 초원심분리기로 세 종류가 있다.

• Sous-vide(수비드 기계)

밀폐된 비닐 봉지에 담긴 음식물을 미지근한 물속에 오랫동안 데우는 진공저온조리법에 사용하는 기구이다.

The Professional Western Cooking

고 급 서 양 요 리 제 6 장

식재료의 이해

1. 육류(Meat)

육류란 포유동물의 가식부를 말하며, 우리나라에서 주로 식용하는 육류의 종류에는 쇠고기, 돼지고기, 양고기 등이 있다.

육류는 우리 식생활에 꼭 필요한 다섯 가지 영양성분 중 하나로 단백가가 높은 양질의 단백질을 공급해 준다.

① 쇠고기(Beef)

소는 약 1만 년 전부터 서부 아시아인들이 사육하기 시작했다고 하며 현재의 소는 개량종이고, 우리나라의 재래종 소는 인도계통이 조상이다.

한우는 한국소를 뜻하며, 국내산 쇠고기는 외국의 소를 국내에 들여와 6개월 이상 사육한 뒤 도살된 것을 말한다. 젖쇠고기는 우유를 짜고 영양소가 모두 빠져나간 늙은 소를 도살한 고기로 육질이 질기고 맛이 떨어져 가격이 저렴하다.

쇠고기를 이용한 조리법은 그 나라의 문화와 종교에 따라 다르며 우리나라의 전통 쇠고기 조리법으로는 너비아니, 맥적 등이 있다.

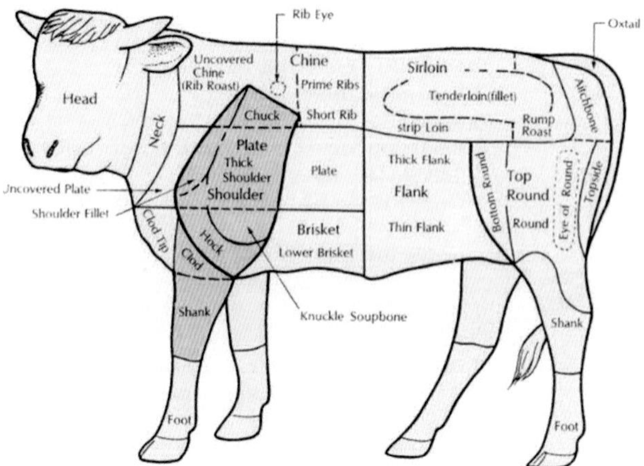

• 쇠고기의 부위별 명칭 1

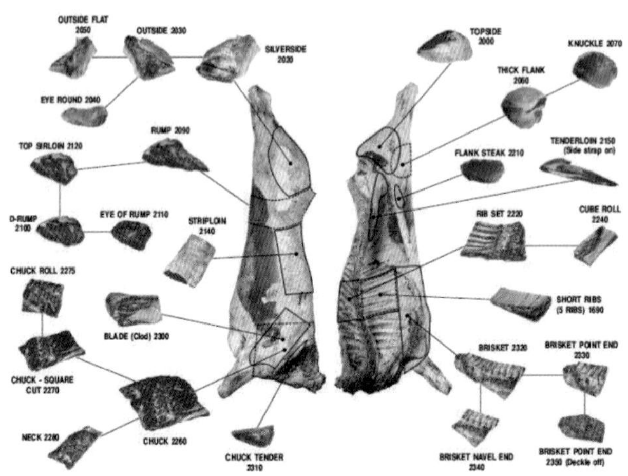

• 쇠고기의 부위별 명칭 2

※ 쇠고기의 분류

- 수송아지 : 어려서 거세한 소로 최상급에 속하며 2.5~3살에 도축한다.
- 어린 암소 : 송아지를 출산하지 않은 처녀 암소로 수송아지 다음으로 품질이 우수하고 2.5~3살에 도축한다.
- 암소 : 1~2마리의 송아지를 출산한 소
- 거세한 황소 : 성장이 끝난 뒤 거세한 소로 품질이 낮아 통조림용으로 사용한다.
- 황소 : 성장이 끝나고 거세하지 않은 수컷 소로 지방층보다 육질이 많아 소시지나 건조용으로 사용한다.

② 돼지고기(Pork)

돼지고기는 거의 모든 부위가 다 사용되며 돼지기름과 내장류는 소시지에 사용된다. 돼지고기의 주성분은 단백질과 지방질이고 무기질과 비타민류가 소량 함유되어 있다. 지방의 성질은 육질, 즉 지방이 고기맛을 좌우하는데 이 지방이 희고 단단한 것이 고기의 맛도 좋다.

돼지고기의 부위는 안심, 등심, 볼깃살, 어깨살, 삼겹살과 내장, 그 외 다리와 머리 등의 부산물로 구분되고 돼지고기의 육질을 이용하여 소시지, 햄, 베이컨 등으로 가공한 가공품도 많다. 돼지고기의 지방은 연화작용이 있어 지방을 남겨두고 조리하면, 익은 고기가 파삭파삭하지 않고 부드럽고 연한 조직을 유지할 수 있다. 또한 돼지고기는 잡식성이므로 기생충에 노출될 확률이 높으므로 충분히 익도록 조리를 해야 한다.

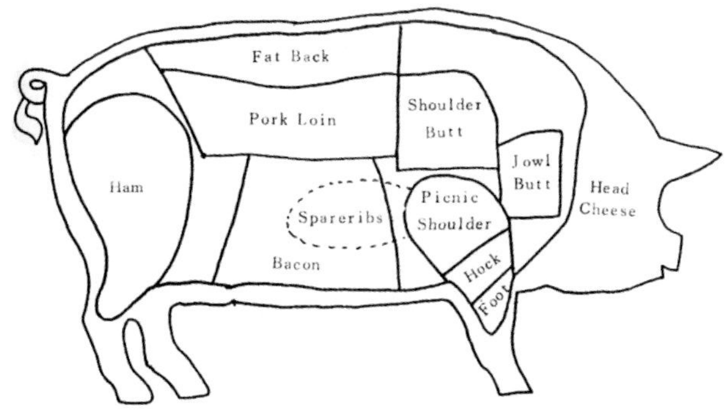

• 돼지고기의 부위별 명칭 1

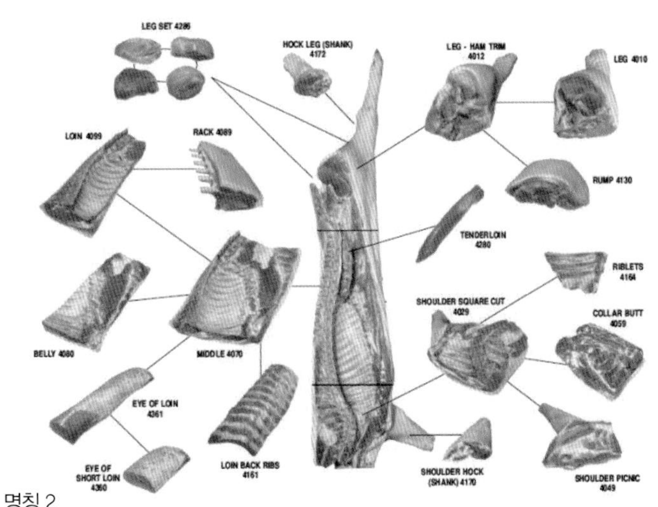

• 돼지고기의 부위별 명칭 2

③ 양고기(Lamb)

양고기의 근섬유는 가늘고 조직이 약하기 때문에 소화가 잘 되나 양고기만의 특유의 향이 있다. 양고기의 향은 연령이 많을수록 강하게 나타나기 때문에 냄새를 제거하기 위하여 민트, 로즈메리 등의 향이 강한 향신료를 많이 사용한다. 양고기 요리는 서남아시아인들이 즐겨 먹는 육류이고, 양갈비 구이는 유명한 요리 중의 하나이다.

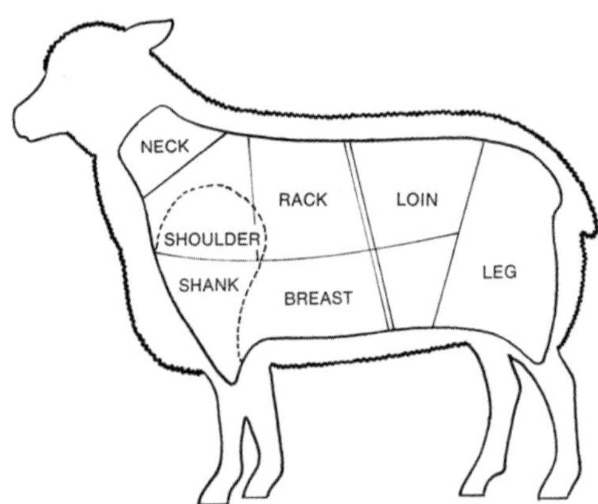

• 양고기의 부위별 명칭 1

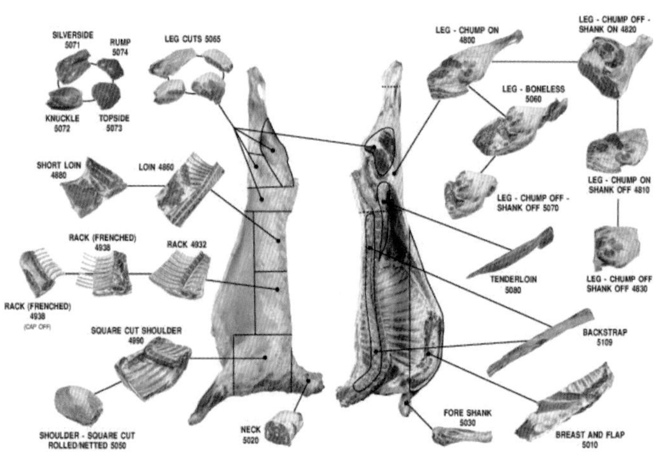

• 양고기의 부위별 명칭 2

2. 가금류(Poultry)

가금류는 조류 중에서 알이나 고기의 생산을 목적으로 사육되는 조류와 야생조류로 분류되는 조류들을 포함한다. 식용가금류에는 닭, 칠면조, 오리, 거위, 꿩, 메추리 등이 있는데, 우리나라에서는 닭고기를 많이 식용하고 있으며 서양에서는 칠면조를 즐겨 먹는다. 또한 중국에서는 북경오리고기가 유명하다.

이외에도 프랑스에서는 세계 3대 진미요리 중의 하나인 거위의 간을 요리한 푸아그라(Foie Gras)가 매우 유명한 요리이기도 하다.

① 오리(Duck)

오리고기는 다른 가금류에 비하여 불포화지방산의 함량이 높을 뿐만 아니라 필수지방산의 함량이 높아 콜레스테롤 수치를 낮춰주는 역할도 한다.

대부분의 육류가 산성인데, 오리고기는 알칼리성을 나타내는 식품이라 체질이 산성화되는 것을 막아주는 역할도 한다.

② 닭(Chicken)

우리나라에서 가장 즐겨 먹는 가금류 중의 하나인 닭고기는 근섬유가 가늘고 섬세하며 부위에 따라 지방 함량과 색이 다르다. 닭가슴살의 흰살에는 단백질이 많으나 지방이 적어 퍽퍽한 맛이 있고 다리살이나 날개살에는 다른 부위에 비해 지방이 많아 부드럽고 쫄깃한 맛이 있다.

닭고기는 조리하기도 쉽고 영양가가 높아 전세계적으로 폭넓게 이용하는 식재료 중 하나이다.

③ 칠면조(Turkey)

칠면조의 몸은 청동색 외에 백색, 흑색 등 품종에 따라 다르고 북아메리카와 멕시코가 원산지이다.

다른 육류에 비해 단백질 함량이 많고 지방이 쇠고기처럼 근육 내에 섞여 있지 않기 때문에 맛이 담백하고 소화흡수가 잘 된다. 또한 다른 육류에 비해 칼로리 함량이 매우 낮은 식품이다.

④ 거위(Goose)

거위는 본래 야생 기러기를 길들여 식육용으로 개량한 가금류이며 병에 강하고 잡식성으로 아무거나 잘 먹기 때문에 사육하기가 쉽다. 중국거위는 부리 위의 혹이 특징적이며, 서양에서는 이미 오래전부터 거위를 기르고 있었고 축제 때 자주 먹었다. 푸아그라(Foie Gras)는 '비대한 간'이란 뜻으로 거위에게 강제로 사료를 먹여 간을 크게 만든 것이다. 거위간에는 양질의 단백질, 지질, 비타민, 무기질 등이 풍부하게 들어 있다 .

3. 어패류(Fish & Shell)

어패류는 크게 어류, 갑각류, 연체류로 분류된다. 어패류는 사람의 식생활에서 매우 중요한 식품공급원으로 전 세계적으로 인기가 많은 식재료 중 하나이다. 어패류는 고단백, 저지방 식품으로 소비가 계속 증가하는 추세이다. 어패류는 불포화지방산 함량이 높아서 쉽게 산패하므로 보관에 신경을 쓰는 것이 중요하다.

어류의 기본적인 모양은 몸통이 둥근 라운드 피시(round fish)와 납작한 모양의 플랫 피시(flat fish)의 두 종류로 구분한다. 몸통이 둥근 라운드 피시는 수직으로 된 등지느러미를 가지고 있으며, 눈이 머리 양쪽에 대칭으로 붙어 있다. 머리를 중심으로 꼬리쪽을 향하면서 둥근 원형이나 오블(oval)형으로 꼬리까지 이어진다.

납작한 모양을 한 플랫 피시는 비대칭형의 몸통으로 눈은 머리의 한쪽을 향하게 붙어 있고, 헤엄을 칠 때 평평한 모양으로 온몸을 흔들어 움직인다. 특히 플랫 피시는 바닷속 깊은 곳의 바닥에 붙어 움직이며, 바닥 쪽은 흰색을 띠는 반면에 위쪽은 검은색을 유지하고 있으나 환경에 따라서 자신들의 색을 변화시킨다.

갑각류는 머리, 가슴, 배의 3부분으로 구별되며, 외골격근은 키틴(Chitin)을 함유하고 있으며 가식부는 50% 정도이다.

새우나 게를 조리하면 홍색으로 변하는데 이는 카로티노이드(carotenoid)계 색소인 아스타잔틴(astaxanthin)과 단백질이 결합하여 청록색이었던 것이 가열에 의해 아스타신(astacin)으로 되기 때문이다.

연체류는 일정한 껍데기를 유지하고 있는 갑각류와 뚜렷한 모양을 지니지 않는 무척추동물로 구분된다. 대부분의 연체동물은 껍데기를 갖고 있으나 껍질 중에서도 한쪽 면만을 지닌 전복(abalone)과 같은 단각류가 있고, 양쪽 껍데기를 갖고 있는 조개(clams), 굴(oyster), 홍합(mussels)과 같은 쌍각류가 있다. 오징어(squid)나 낙지(octopus) 같은 두족류의 연체동물은 껍데기를 가지고 있지는 않지만 안쪽에 얇은 뼈와 같은 커틀본(cuttlebone)이 하나 있어 몸통을 유지해 주고 있다.

1) 어류

① 연어(Salmon)

청어목 연어과에 속하는 바닷물고기로 민물에서 부화된 연어가 6cm정도로 자라면 바다로 내려가 3~5년 뒤에 성숙한다. 바다에서 성숙하여 강으로 되돌아와 산란을 하는 회유성(回遊性) 어종으로 전 세계적으로 인기 높은 어종 중 하나이다.

② 농어(Bass & Perch)

농어는 우리나라, 중국, 타이완, 일본 각지 연안, 남중국해에 분포하여 서식하며 비늘이 많고 날카로운 지느러미가 있으며 육질이 희고 탄력이 있어 맛이 좋고 부드러운 어류로 지방의 함량이 많으며, 단백질도 풍부하다.

우리나라에서는 생으로 즐겨 먹는다.

③ 송어(Trout)

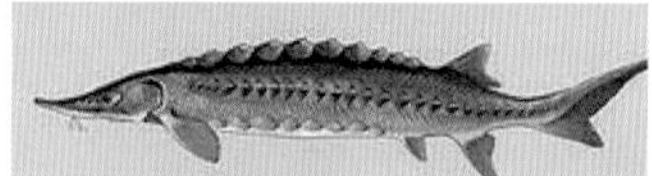

송어는 물이 차고 깨끗한 1급수에서만 사는 회유성(回遊性) 어류로 바다에서 살다가 산란기에 강으로 돌아온다.

최근에는 환경오염으로 서식지가 점차 줄어들어 찾아보기 어려운 어종이 되고 있다. EPA 및 DHA의 조성비가 높고 연어와 같이 붉은 생선살을 나타낸다.

④ 철갑상어(Sturgeon)

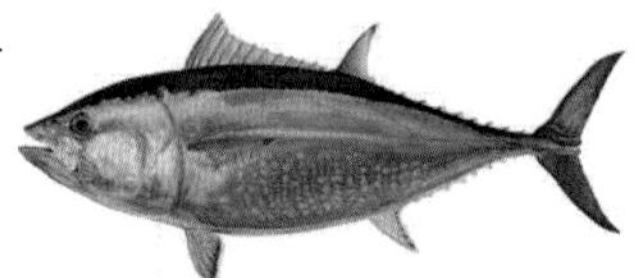

철갑상어는 살아 있는 화석으로 불릴 정도로 오래된 어종으로 철갑상어과에 속하는 바닷물고기로 한국 · 중국 · 일본 · 시베리아 · 카스피해 · 북태평양에 분포한다.철갑상어의 난소를 소금에 절인 식재료를 캐비아라 하는데, 세계 3대 진미 식재료 중 하나로 고급식품으로 알려져 있다. 하지만 캐비아를 얻기 위한 무분별한 어획으로 그 개체수가 많이 줄어 심각한 멸종위기에 처해 있다.

⑤ 참치(Tuna)

고등어과에 속하는 바닷물고기로 몸은 방추형으로 비만하고 머리는 원뿔형이다.

바다 표면 가까운 곳에서 무리를 지어 활동한다. 참치는 대표적인 고단백질 저칼로리 식품이며 운동량이 많고 산소공급량이 많아 미오글로빈 양도 많다. 이 밖에 DHA · 오메가 3 지방산 등 필수지방산이 풍부하여 두뇌에 영양을 공급하고 성인병 예방에 도움이 되는 영양소가 들어 있다.

⑥ 청어(Herring)

청어과에 속하는 바닷물고기로 몸길이는 약 35cm 정도 되고, 등쪽은 흑청색이고 배쪽은 은백색이다. 청어는 냉수역에서 서식하는 회유성(回遊性) 어류로 대규모 집단으로 움직이며 생활을 한다. 청어에는 다량의 불포화지방산을 함유하고 있어 각종 성인병 예방에 좋다.

⑦ 도미(Snapper)

감성돔과에 속하는 바닷물고기로 몸은 거의 타원형으로 납작하고 등이 높다. 등쪽은 붉은색, 배쪽은 노란색 또는 흰색으로 주로 수심 10~200m의 바닥 기복이 심한 암초지역에 서식한다. 머리와 뺨에도 비늘이 있고 특히 등 · 배 · 뒷지느러미에 가시가 있어 손질 시 조심해야 한다.

⑧ 대구(Cod)

대구는 머리가 크고 입이 커서 대구(大口) 또는 대구어(大口魚)라 불리는 어류로서 비린 맛이 없고 담백해서 오래전부터 많은 사람들이 즐겨 먹었다. 대구의 살은 부드럽고 맛있지만 다른 생선에 비해 살이 물러서 쉽게 상하기 때문에 싱싱한 대구를 사려면 상당한 주의를 기울여야 한다.

⑨ 멸치(Anchovy)

멸치는 청어목 멸치과의 바닷물고기로 표면 가까운 곳에서 무리를 이루어 지내며, 등쪽은 짙은 푸른색이며 중앙과 배쪽은 은백색을 나타낸다. 말린 멸치는 육수용으로도 많이 사용된다.

⑩ 정어리(Sardine)

정어리는 청어과의 바닷물고기로 몸길이는 20~25cm이다. 정어리류는 플랑크톤을 먹고 성장하는 회유어로 동해와 일본의 태평양 연해에 분포하며 겨울철에 특히 맛이 좋다.

⑪ 고등어(Mackerel)

고등어과에 속하는 바닷물고기로 몸은 방추형이고 길이는 20~50cm이다. 가을에서 겨울에 가장 많이 어획하며 맛과 영양도 최고로 좋은 시기이다. 히스티딘이나 글루탐산 등의 유리아미노산이나 지미성분인 이노신산의 함량이 높고 DHA·오메가3 지방산 등 필수지방산이 풍부하다.

⑫ 광어(Halibut)

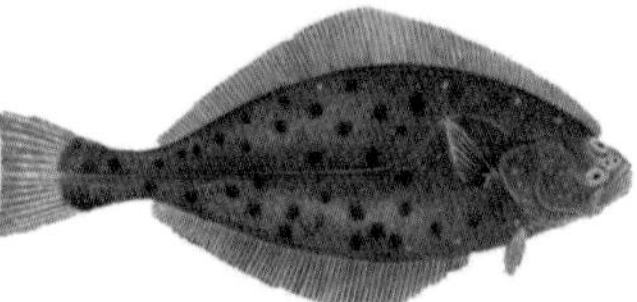

광어는 넙치라고도 불리며 몸길이가 30cm 정도이고 몸이 납작하며 긴 타원형으로 두 눈은 몸의 왼쪽에 있다. 우리나라의 전 연안에 많고, 겨울철에는 심해의 모랫바닥에 주로 서식한다. 광어는 맛이 좋고 기생충의 우려가 없으므로 생식으로도 인기가 많다.

⑬ 서대(Sole)

도버해협에서 잡히는 참서대의 일종으로 쫄깃쫄깃한 살과 향기가 좋다.

⑭ 가자미(Flounder)

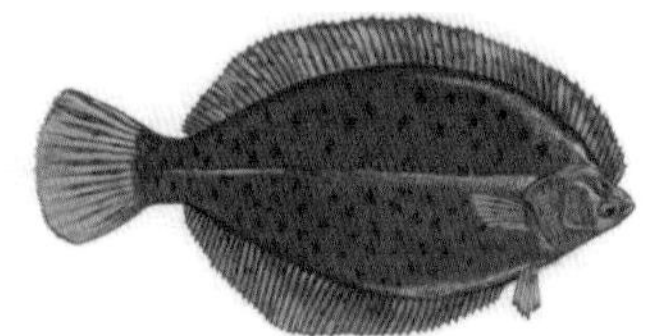

가자미과에 속하는 물고기의 총칭으로 광어와 비슷하게 생겼다. 치어기에는 눈이 양쪽에 위치해 있지만 성장하면서 두 개의 눈은 몸의 오른쪽으로 기운다.

눈이 있는 방향을 위로 하여 100m 이상의 깊은 해저에 산다.

⑮ 홍어(Skate)

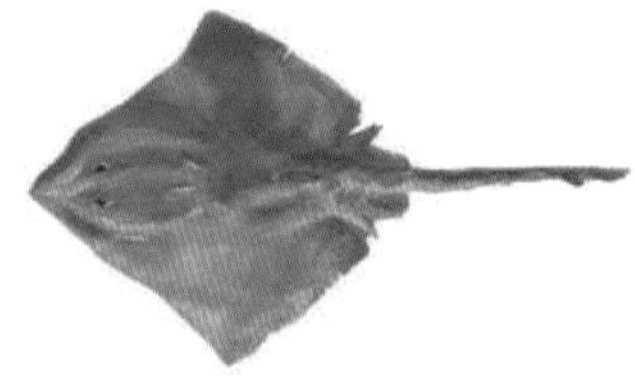

홍어는 가오리과에 속하는 물고기로 가오리는 몸이 가로로 넓적하고 꼬리가 긴 근해어이다. 우리나라는 서해 흑산도의 홍어가 특히 유명하고, 가오리는 등이 누렇고 살색도 노르스름한 데 비해 홍어는 등이 거무스름하고 살색이 희다. 우리나라 전남지방에서는 삭힌 홍어를 즐겨 먹는다.

2) 연체류

① 전복(Abalone)

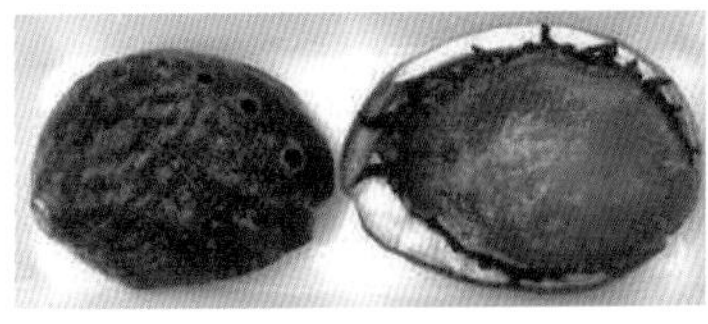

동해안에 생식하는 전복류는 10여 종류이고 해변의 수심 20m 정도에서 서식한다. 물결이 거친 암초대에 생식하며 야행성으로 미역, 다시마 등의 갈조류를 먹이로 한다. 우리나라 남해에서 전복을 양식하고 있다.

② 조개(Clam, Shellfish)

조개는 두 장의 판판한 껍데기로 몸을 둘러싸고 있는 연체동물로 바닷가, 호수, 강이나 시냇물에 서식한다. 조개에는 필수아미노산이 풍부하고 타우린 성분이 다량 함유되어 있다.

③ 굴(Oyster)

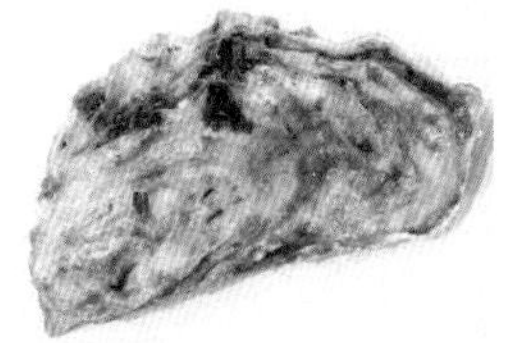

식용종인 참굴을 말하며 굴조개라고도 한다.

굴은 단단한 바위나 물체에 부착해서 서식한다. 비타민과 무기질 등의 영양소가 풍부하여 바다의 우유라 불린다.

④ 관자(Scallop)

관자는 수심 10~50m의 암초지대 또는 모래, 자갈바닥 등에 산다. 아미노산인 라이신, 스테오닌 등의 함량이 높다.

⑤ 오징어(Squid & Cuttlefish)

연안에서 심해까지 살고 있으며, 육식성으로 작은 물고기, 새우, 게 등을 먹는다. 몸길이가 최소 2.5cm에서 최대 15.2m까지 이르는 대왕오징어도 있다. 오징어 먹물은 항균, 항암

작용을 하는 것으로 알려져 있고 오징어 먹물을 이용한 요리도 많이 선보이고 있다.

⑥ 문어(Octopus)

문어는 두족류에 속하는 연체동물로 중국, 한국, 일본, 캐나다와 미국의 서해안 등 북태평양 연안에 서식한다. 둥근 머리 모양에 빨판이 달린 8개의 다리가 입 주위에 달려 있으며, 먹물 주머니가 있어 위협을 느끼면 먹물을 뿜고 달아난다. 환경에 따라 피부색상을 바꿔 자신을 보호한다.

3) 갑각류

① 게(Crab)

게는 4,500여 종으로 전 세계에 광범위하게 분포되어 있으며 한국에는 183종이 분포한다. 수심이 깊은 바다에 사는 종도 있지만 대개는 대륙붕 근처에서 많이 산다. 게는 필수아미노산이 많이 함유되어 있고, 특히 게살에는 타우린과 비타민 등이 다량 함유되어 있다.

② 바닷가재(Lobster)

바닷가재는 태평양, 인도양, 대서양 연근해 등에 분포하며 육지와 가까운 바다 밑에 산다. 낮에는 굴 속이나 바위 밑에서 지내다 밤이 되면 활동하고 게나 고둥, 작은 물고기 등을 잡아먹는다. 콜레스테롤과 지방 함량이 적다.

③ 새우(Shrimp & Prawn)

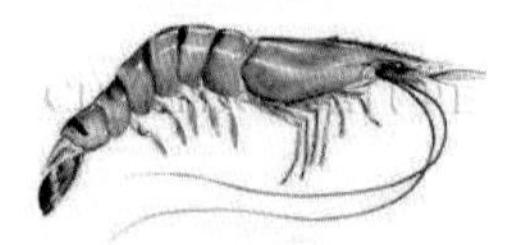

새우는 전 세계에 약 2,500여 종이 있으며 담수, 바닷물에 고르게 분포되어 있으며 때로 무리를 지어 사는 습성이 있다. 키토산, 칼슘, 타우린 등을 풍부하게 함유하고 있다.

4. 채소류(Vegetable)

채소는 주로 섭취하는 부위를 중심으로 크게 잎채소, 줄기채소, 꽃채소, 열매채소, 뿌리채소로 분류한다.

1) 잎채소(Leaves Vegetable)

엽채류는 배추, 상추, 시금치 등과 같이 잎을 식용하는 것이다.

① 양상추(Lettuce)

국화과의 식물로 결구상추 또는 통상추라 불리기도 한다. 품종은 크게 크리습 헤드(Crisp head)류와 버터 헤드(Butter head)류로 나뉜다. 양상추는 샐러드로 가장 많이 이용하는 채소로 식감이 부드럽고 시원한 맛이 난다. 수분이 전체의 94~95%를 차지한다. 양상추를 오래 씹다 보면 쓴맛이 나는데 이는 최면, 진통 효과가 있다.

② 시금치(Spinach)

아시아 서남부가 원산지로 명아주과의 식물이다. 한국에는 조선 초기에 중국에서 전해진 것으로 보이며 주로 데치거나 볶아서 곁들임 채소로 사용한다.

③ 양배추(Cabbage)

양배추는 칼슘과 비타민 C가 풍부하게 들어 있고 샐러드로 많이 식용하고 있으며, 유럽에서는 양배추 수프를 전통음식으로 즐기고 있다. 한국에서는 날로 먹거나 양배추말이 등으로 쪄서 즐겨 먹는다.

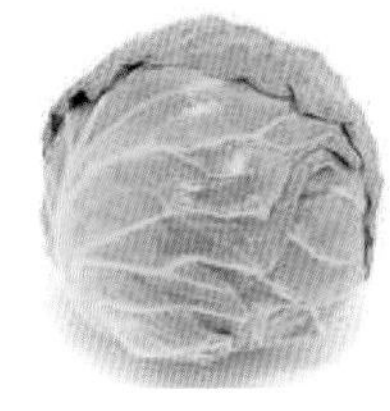

④ **로메인(Romaine)**

로마시대 로마인들이 즐겨 먹던 상추라고 하여 붙여진 이름으로 에게해 코스섬이 원산지여서 코스상추라고도 한다. 주로 시저샐러드 등 고급샐러드에 이용하고 있다.

⑤ **아루굴라(Arugula)**

배추과 식물로 약간 씁쓸하고 향긋한 정통 이탈리아 채소이다. 주로 샐러드나 생으로 곁들여 이용하고 있다. 우리나라 열무와 비슷하게 생겼다.

⑥ **롤라로사(Lolla Rossa)**

국화과 식물로 이탈리아어로 장미처럼 붉다는 뜻이다. 색이 고운 이탈리아 상추이며, 유럽에서는 주로 샐러드용으로 즐기며 우리나라에서는 주로 쌈채소로 이용하고 있다.

⑦ **브뤼셀 스프라우트(Brussels Sprouts)**

양배추의 일종으로 미니 양배추라고도 부르며, 줄기에 작은 덩어리가 빽빽하게 붙어 있는 모습이 마치 녹색 포도송이처럼 보이기도 한다. 주로 끓는 물에 데친 후 버터에 소테하여 이용한다.

⑧ **청경채(Bok Choy)**

중국이 원산지로 겨자과에 속하는 중국배추의 일종으로 잎줄기가 청색인 것을 청경채, 백색인 것을 백경채라고 부르는 것에서 유래된 이름이다. 주로 데쳐서 곁들임 채소나 볶음에 이용한다.

⑨ 치커리(Chicory)

국화과에 속하는 식물로 쓴맛이 강하게 나는 것이 특징이며 주로 샐러드 및 쌈채소로 이용하고 있다.

⑩ 라디키오(Radicchio)

잎이 둥글고 백색의 잎줄기와 붉은색의 잎이 조화를 이뤄 눈요기 채소로 소량 사용한다. 쓴맛이 강하게 나는 것이 특징이며 주로 샐러드로 이용한다.

⑪ 벨지움 엔다이브(Belgium Endive)

배추 속처럼 생긴 것으로 치커리 뿌리에서 새로 돋아난 싹이다. 쌉쌀한 맛이 나며 주로 샐러드나 가니쉬로 많이 이용한다.

⑫ 단델리온(Dandelion)

서양의 민들레를 뜻하고, 우리나라에서는 예로부터 민들레의 효능이 뛰어나 한방재료로 많이 쓰였다. 요리에서는 주로 샐러드나 차로 즐겨 이용한다.

⑬ 그린 비타민(Green Vitamin)

비타민이 풍부하게 들어 있다고 하여 비타민이라 불리게 되었다. 혈액순환 및 위를 튼튼하게 하는 효과가 있고 주로 샐러드로 이용한다.

⑭ 미나리(Water Parsley)

미나리과의 여러해살이풀로 습지에서 자라고 흔히 논에서 재배한다. 독특한 향과 맛을 내는 기본 향신료로 우리나라 사람이 좋아하며 알칼리성 식품으로 수요가 증가하고 있다.

2) 줄기채소(Stalks Vegetable)

아스파라거스와 셀러리같이 어린 줄기를 식용하는 것이 여기에 속한다.

① 아스파라거스(Asparagus)

백합과에 속하는 여러해살이풀로 줄기는 1m 이상 자라서 가지가 갈라진다. 그리스 로마시대부터 먹기 시작한 고급채소로 어린 줄기를 연하게 만들어 식용하였고 주로 곁들임 채소나 볶음 등으로 이용한다.

② 셀러리(Celery)

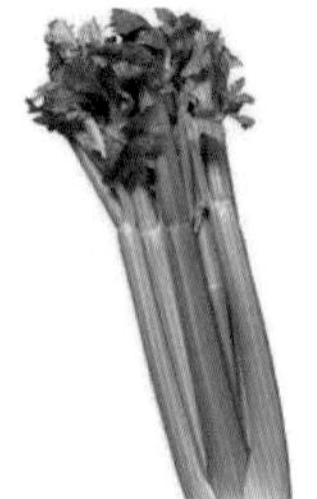

미나리과에 속하는 채소로 고대 그리스인과 로마인들은 음식의 맛을 내는 데 썼으며, 고대 중국에서는 약초로 이용했다. 주로 샐러드나 볶음, 생선이나 육류의 부향제로 사용하고 있다.

③ 펜넬(Fennel)

고대 로마시대부터 유래되었으며, 이탈리아에서는 Finoccchio라고 불리는 플로렌스 펜넬과 주로 잎과 씨를 허브로 사용하는 펜넬 두 종류가 있다. 주로 소스, 스튜와 생선이나 육류의 부향제로 사용한다.

④ 콜라비(Kohlrabi)

품종은 아시아군과 서유럽군으로 분류되어 있으며 비타민 C의 함유량이 치커리, 상추보다 4~5배 정도 많고 주로 샐러드, 즙으로 이용한다.

⑤ 릭(Leek)

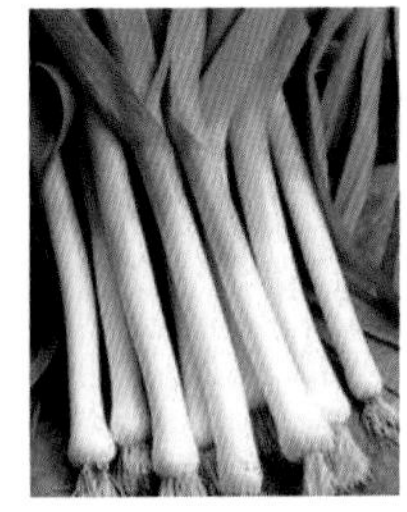

백합과 식물로 채소 또는 관상용으로 재배한다. 줄기는 파와 비슷해 보이지만 릭의 길이가 더 짧다. 잎은 파보다 크지만 납작하고 중간이 꺾여서 늘어지고 주로 감자수프, 생선요리, 육류요리에 사용한다.

⑥ 양파(Onion)

백합과 식물로 아시아 남서부가 원산지로 추정되고 있으며 백합과에 속하는 대부분의 식물은 비늘줄기나 덩이줄기 같은 땅속 저장기관을 가진다. 양파의 비늘줄기에는 각종 비타민과 함께 칼슘, 인산 등의 무기질이 풍부하게 들어 있고 혈액 중의 유해물질을 제거하는 작용이 있다. 주로 샐러드나 수프, 고기요리와 향신료 등으로 이용하고 있다.

⑦ 마늘(Garlic)

백합과에 속하며 비늘줄기가 있는 다년생 식물로 연한 갈색의 껍질에 싸여 있으며, 껍질 안쪽에는 5~6개의 작은 비늘줄기가 들어 있다.

마늘의 냄새는 황화아릴 성분이며 비타민 B를 많이 함유하고 있고 마늘 특유의 맛과 향으로 굽거나 볶음, 향신료로 많이 이용하고 있다.

⑧ 죽순(Bamboo Shoot)

중국이 원산지로 대나무류의 땅속줄기에서 돋아나는 어리고 연한 싹이다.

중국요리에 많이 쓰이는 식재료로 단백질, 당질, 지질, 무기질 등이 함유되어 있고 주로 볶거나 굽는 등 다양한 조리법으로 사용하고 있다.

3) 꽃채소(Flowers Vegetable)

꽃양배추와 같이 꽃망울을 식용하는 것이다

① 브로콜리(Broccoli)

브로콜리는 배추 속에 속하는 채소의 일종으로 비타민 C가 풍부하며 항암물질을 다량 섬유하고 있으며 영양가가 높고 맛이 좋다. 주로 샐러드나 수프, 데치거나 볶음의 곁들임 채소로 이용한다.

② 콜리플라워(Cauliflower)

브로콜리와 비슷하게 생긴 십자화과의 식물로 지중해 연안이 원산지이다. 꽃가루에 두툼하고 부분적으로 발달한 꽃들이 촘촘히 무리지어 달려 하나의 덩어리를 이루는데 이 노란색의 꽃봉오리를 식용한다. 주로 샐러드나 수프, 데치거나 볶음의 곁들임 채소로 이용한다.

③ 아티초크(Artichoke)

지중해 서부와 중부가 원산지이며 국화과에 속하는 엉겅퀴처럼 생긴 다년생 초본으로 꽃이 피기 전의 꽃봉오리를 식용으로 사용한다. 주로 삶아서 곁들임 채소나 샐러드로 이용한다.

4) 열매채소(Fruits Vegetable)

① 가지(Eggplant)

가지는 인도가 원산지로 열대지역과 온대지역에서 재배한다. 색깔은 짙은 보라색이며 둥근 모양, 달걀 모양, 바나나 모양 등 품종에 따라 모양과 형태가 다르나 우리나라에서는 긴 모양의 가지를 재배한다.

② 오이(Cucumber)

오이는 박과에 속하는 식물로 오이가 자랄 때는 많은 잔가시가 있고 짙은 녹색을 띤다.

오이는 중요한 식용작물의 하나로 생으로 먹거나 샐러드, 피클 등의 요리에도 쓰이고 향긋한 특유의 냄새로 화장품 재료와 미용의 목적으로도 쓰인다.

③ 토마토(Tomato)

토마토는 가지과의 한해살이풀로 짙은 붉은빛이 도는 채소로 종류도 다양하다. 토마토는 소스를 만드는 중요한 식재료 중의 하나이지만 강력한 항암물질을 함유하고 있어 약용으로도 많이 쓰인다.

④ 애호박(Zucchini & Squash)

호박은 박과의 식물로 열대 및 남아메리카가 원산지이고 애호박은 덜 자란 어린 호박을 말한다. 과육이 부드럽고 단맛도 있어 우리 나라에서 많이 쓰이는 채소 중의 하나이다.

⑤ 파프리카(Paprika)

파프리카는 중앙아메리카가 원산지이다. 흔히 피망과 파프리카를 혼동하기 쉬운데 파프리카는 크기가 크며 육질이 달고 아삭아삭 씹히는 맛이 있으며 비타민C를 많이 함유하고 있다. 빨강, 노랑, 주황, 보라, 녹색 등 5가지 색깔을 가지고 있다.

⑥ 스트링 빈스(String Beans)

스트링 빈스는 껍질이 다 자라지 않은 어린 꼬투리를 수확하여 식

용한다. 짙은 연두색을 나타내고 주로 곁들임 채소로 많이 사용하며 샐러드 등에 쓰인다.

⑦ **고추(Red Pepper)**

고추는 남아메리카 원산으로 아메리카 대륙에서는 오래전부터 재배하였고 한국의 식생활에서는 빠지면 안 될 중요한 식재료이다. 고추를 말려서 빻은 고춧가루와 고추장의 형태로 즐겨 먹고 있으며, 특히 매운맛이 강한 청양고추를 즐겨 먹고 있다.

5) 뿌리채소(Roots & Bulb Vegetable)

① **무(Turnip)**

무는 우리나라에서 가장 즐겨 먹는 3대 채소로 겨자과에 속하는 식물이다. 원산지에 대한 여러 설들이 있지만 그 재배시기는 상당히 오래되었고 우리나라에서도 고려시대에 중요한 채소로 취급된 기록이 있다.

② **당근(Carrot)**

당근은 미나리과 식물로 아프가니스탄이 원산지이다. 진한 주황색으로 홍당무라고도 하며 오래 씹으면 단맛이 나고 비타민 A와 비타민 C가 많이 들어 있다. 우리나라 요리에서도 빠지지 않는 뿌리채소이다.

③ **감자(Potato)**

감자는 전 세계적으로 중요한 식재료로 널리 쓰이고 있다. 온대지방에서 재배를 하고 땅속에 있는 줄기 마디로부터 가는 줄기가 나와 그 줄기 끝에 덩이줄기를 형성한다. 수프, 튀김, 조림 등으로 다양하게 이용한다.

④ **비트(Beet Root)**

비트는 명아주과에 속하는 빨간색을 가진 뿌리식물로 비트의 빨간 색소는 베타시아닌이라고 하는 물질인데 천역식용색소로 많이 쓰인다. 비트는 즙을 이용하거나 샐러드에 이용한다.

⑤ **셀러리악(Celery Root)**

미나리과 식물로 셀러리루트 또는 셀러리액이라고도 한다. 줄기의 부풀어 오른 밑부분을 먹는데, 떫고 아린 맛이 강해 생식하기보다는 데쳐서 요리에 이용한다.

5. 향신료(Herb)

동 · 서양의 모든 요리는 아주 오래전부터 음식에 향신료를 이용해 왔다. 향신료는 수조 · 육류 · 생선류 등에서 나오는 여러 가지 불쾌한 냄새나 잡냄새를 제거하기 위해서 또는 음식의 맛과 향을 증진시키고 가니쉬 등의 목적으로 사용해 왔다. 향신료는 "식품에 향미를 주기 위해 사용되는 것으로 향 또는 자극성을 가진 식물"이라 정의한다.

향신료는 식물의 종자, 과실, 꽃, 잎, 껍질, 뿌리 등 식물에서 골고루 얻을 수 있고 향신료는 그 나라 민족 고유의 식생활에 따라서 그 종류 및 분류는 다르게 나타나고 있다. 또한 향신료는 음식의 보존제 및 첨가물, 착색제로도 사용하고 있다. 이러한 향신료는 용도에 따라 허브도 되고 스파이스(Spice)도 되는데 스파이스는 페퍼, 시나몬, 너트메그, 메이스, 올스파이스 등 방향성 식물에서 얻어지는 것으로 조리할 때 음식물에 맛을 내거나 향미를 첨가하는 부향제로 쓰이는 식물성 조미료 또는 약미이다. 보통 분말상태이며 이것을 다시 혼합한 조미료를 포함시킨다.

1) 잎 향신료(Leaves Herb)

① 바질(Basil)

바질은 요리에서 중요한 위치를 차지하는 향신료로서 달콤하면서도 강한 향기가 있어 잎을 뜯기만 해도 향이 퍼질 정도다. 바질은 두통뿐만 아니라 구내염, 류머티즘에도 좋고, 강장효과가 있어 약용으로 널리 사용되기도 한다.

② 민트(Mint)

민트는 상쾌한 향기와 시원한 청량감이 있어 요리 이외에도 방부 · 살균작용, 위나 장의 강장효과 등 약용으로도 널리 쓰이고 있다. 요리에서 가장 많이 쓰이는 민트는 페퍼민트, 스피아민트, 애플민트 등이 있고 요리 외에 제빵, 음료에 많이 사용한다.

③ 처빌(Chervil)

미나리과에 속하는 한해살이풀로 언뜻 보기에는 파슬리와 비슷한 외관을 가지고 있고 처빌만의 독특한 향이 있다. 이뇨작용에 뛰어난 약효가 있고 저혈압에도 좋다. 처빌은 주로 수프나 샐러드에 쓰인다.

④ 파슬리(Parsley)

파슬리는 대표적인 녹색채소로 우리나라에서는 가니쉬로 많이 이용되고 있으며, 특유의 독특한 향이 있어 육류와 생선요리에도 많이 이용되고 있다. 특히 비타민 A를 많이 함유한 향신료이다.

⑤ **로즈메리(Rosemary)**

로즈메리는 방향성 식물로서 향수나 약품의 재료로 널리 알려져 있고 가정에서 관상용으로도 인기가 많은 향신료이다. 로즈메리는 요리보다는 약용식물로서 강장제, 진정제, 해독제 등으로 효과가 있고 피부미용에도 많이 이용된다.

⑥ **월계수 잎(Bay leaf)**

월계수는 고대 그리스 시대에 전투나 승리자에게 씌워주었던 관으로 유명한데, 월계수의 생잎은 쓴맛이 있어 대부분 건조시켜서 사용하며 서양요리에서는 빠지지 않고 많이 쓰이는 향신료 중 하나이다. 주로 소스를 만들 때 부향제로 많이 쓰이고 방부력도 뛰어나다.

⑦ **마조람(Marjoram)**

마조람은 단맛과 매운맛의 두 종류가 있는데 특유의 향기가 있어 고대시대에는 목욕제와 살균제, 보존료로 즐겨 이용하였으며 요리에서도 육류, 생선, 소스, 수프 외에 음료로도 다양하게 즐기는 향신료이다.

⑧ **타임(Thyme)**

타임은 '사향초'라고도 하는 향신료로 약용식물로 인기가 있다. 불면증이나 불안증, 신경성 질환에 뛰어난 효능이 있어 음료나 차로 즐겨 마셨다. 요리에서는 소스, 육류, 생선요리 등에 폭넓게 사용하고 있다.

⑨ **세이지(Sage)**

세이지는 '세루비아'라고도 불리는 향신료로 강한 향을 가지고 있으며 만병통치약으로 알려졌을 정도로 약효가 뛰어나다.

⑩ **레몬밤(Lemon Balm)**

레몬밤은 꽃에 꿀이 많아 꿀벌이 많이 모여들어서 붙여진 이름이라고 한다. 레몬의 향미 때문에 프랑스인들은 차로 즐겨 마셨고 목욕제로도 인기가 있다.

요리에는 육류, 생선, 샐러드에 많이 이용하고 냉음료, 과자, 셔벗 등에도 이용되고 있다.

⑪ **딜(Dill)**

딜은 '진정시키다'라는 뜻이 있으며 예부터 진정효과가 뛰어나고 중국에서도 생약으로 많이 쓰인다.

요리에는 육류, 생선, 가금류 등에 이용하고 절임요리에도 많이 이용하는데, 특히 피클에서는 빼놓을 수 없는 향신료이다.

⑫ **차이브(Chive)**

차이브는 백합목 백합과의 여러해살이풀로 파의 일종이며 어린 실파와 비슷하게 생겼으나 파와 같은 매운맛이 없다.

⑬ **크레송(Cresson)**

매운맛과 독특한 향이 나는 향신료로 육류요리에 빠지지 않고 많이 쓰이며 우리나라에서는 '물냉이'라 불리기도 한다.

주로 샐러드, 스테이크, 생선요리에 사용되고 생으로 섭취하는 것이 좋다.

⑭ **타라곤(Tarragon)**

타라곤은 시베리아가 원산지인 쑥의 일종으로 프랑스 요리에서 빠져서는 안 될 중요한 향신료이다. 달팽이요리에 조미료로 사용하며 잎을 생으로 사용하기도 하고 그늘에 말려 건조해서 쓰기도 한다.

2) 씨앗 향신료(Seeds Spice)

① **육두구(Nutmeg)**

육두구는 예부터 서양에서는 귀중하게 쓰인 스파이스이며, 동양에서는 한약재로 사용하였다. 육두구 열매의 배아를 건조시킨 것이 너트메그이고, 열매를 싸고 있던 과육을 말린 것이 메이스이다. 너트메그는 강한 향이 있어 미각을 자극하므로 요리는 물론 제과에서도 사용하지만 값이 비싼 고급 향신료에 속한다.

② **커민(Cumin)**

커민은 노랑 또는 연한 갈색을 띠는 식물로 씨는 향신료로 이용하고 부드러운 잔털로 덮여 있다. 쓴맛, 매운맛, 맛난 맛 등 여러 가지 맛이 있고, 로마시대에는 후추처럼 사용하는 향신료였다. 요리에서 치즈, 피클, 수프, 빵 등에 이용한다.

③ **카더멈(Cardamom)**

카더멈은 독특하고 강한 향기와 약간의 쓴맛이 있고 매운맛이 있는 것이 특징이다. 요리의 부향제로 널리 사용되는데 사프란 못지않은 고가의 스파이스이고, 인도에서는 커리파우더에 들어가는 필수재료이다.

④ **흰 후추(White Pepper)**

후추열매의 껍질을 벗긴 후 건조시킨 것을 흰 후추라고 한다. 껍질을 벗겨내지 않고 그대로 말린 것은 검은 후추인데 검은 후추보다는 매운맛이 덜하다. 소량의 후추는 소화를 촉진시키며 식욕을 자극하고 흰 후추는 생선이나 연한 색 소스에 많이 이용된다.

⑤ **양귀비 씨(Poppy Seed)**

양귀비는 '모르핀'이라고 하는 환각제가 들어 있어 마약의 주원료로 사용되어 우리나라에서는 재배가 금지된 식물이다. 양귀비 꽃봉오리 안에 양귀비 씨가 3만 2천여 개 정도 들어 있는데, 이 씨앗을 조리하거나 삶아서 요리에 사용한다. 조리목적의 양귀비 씨는 수입이 허락되어 소스, 수프, 제빵에서 사용한다.

3) 열매 향신료(Fruit Spice)

① **파프리카(Paprika)**

파프리카는 선홍색의 원추형 열매이며 이 열매의 씨를 제거한 후 건조시켜 분말로 만들어서 많이 사용한다. 스페인산은 빨간색으로 달콤하고 헝가리산은 검붉고 얼얼한 맛이 있다.

② **올스파이스(All Spice)**

올스파이스는 익기 직전의 열매를 따서 건조시켜 사용하는 향신료로 후추에서 느끼는 매운맛은 없으나 상쾌하고 달콤하면서도 쌉쌀한 맛이 있어 '자메이카 후추'라고 불리기도 한다. 주로 육류, 생선, 절임류, 소시지 등에 사용한다.

③ **검은 후추(Black Pepper)**

성숙한 후추열매를 수확하여 그대로 말린 것이다. 흰 후추보다 더 맵고 맛이 강하다. 서양요리에서 없어서는 안 될 향신료로 육류나 생선의 비린내를 제거할 때 많이 사용한다.

④ **바닐라(Vanilla)**

바닐라는 디저트에 쓰이는 대표적인 향신료로 현재는 향료를 채취하기 위하여 재배하는데 인도네시아에서는 세계 바닐라 사용량의 80%를 공급하고 있다. 특유의 독특한 향이 있어 초콜릿, 아이스크림, 케이크 등 디저트에 많이 쓰인다.

⑤ **팔각(Star Anise)**

팔각은 목련과 상록수의 열매를 말하며 단단한 껍질로 싸인 꼬투리 여덟 개가 마치 별처럼 붙어 있는 모양에서 유래되었다. 현재 전 세계 생산량의 80%가 중국에서 재배되고 있고 중국을 대표하는 향신료로 육류요리와 생선요리에 많이 쓰인다.

4) 꽃 향신료(Flower Spice)

① **정향(Clove)**

정향은 정향나무의 꽃봉오리를 수확해서 햇볕에 말린 것으로 정향 특유의 향이 강하고 매운맛이 있다. 정향은 부향제, 살균제, 방부제로도 많이 쓰이는데 요리에서는 햄, 소시지, 절임류 등에 쓰이고 푸딩, 과자류에도 사용한다.

② 사프란(Saffron)

사프란은 온난하고 비가 적은 곳에서 잘 자라는데 유럽 남부와 소아시아가 원산이다. 꽃에서 나는 암술대를 말려서 사용하는데 모든 작업이 수작업으로 이루어지기 때문에 세계에서 가장 비싼 향신료로 유명하다. 약이나 염료로 사용하기 사작하였고, 요리에서는 천연 노란색 색소로 많이 쓰인다.

③ 케이퍼(Caper)

케이퍼는 꽃이 피기 전의 꽃봉오리를 식초에 절여서 만든 향신료로 지중해 연안에 널리 자생하고 있는 식물이다. 약간의 매운맛이 있고 육류, 생선, 드레싱, 소스 등에 사용한다.

5) 뿌리 향신료(Root Spice)

① 마늘(Garlic)

마늘은 우리나라에서도 빠지면 안 될 중요한 뿌리 향신료로 백합과의 다년초식물로 여러 개의 얇은 비늘로 싸여 있으며 강한 향과 매운맛이 있어 과거에는 살균작용제로 쓰였다고 한다.

② 생강(Ginger)

생강은 우리나라에서 약재로 더 많이 쓰일 정도로 그 약효와 효능이 뛰어난 뿌리식물이다. 강한 향과 매운맛을 가지고 있는 향신료로 육류나 어류의 잡냄새 제거에 좋다.

③ 와사비(Wasaby)

와사비는 일본의 음식문화에서 가장 대표적인 향신료로 강한 매운맛과 순간적으로 톡 쏘는 맛이 있어 입안이 얼얼하다. 겨자과의 풀로 비교적 깨끗한 환경에서 자라는 식물이다.

④ **호스래디시(Horseradish)**

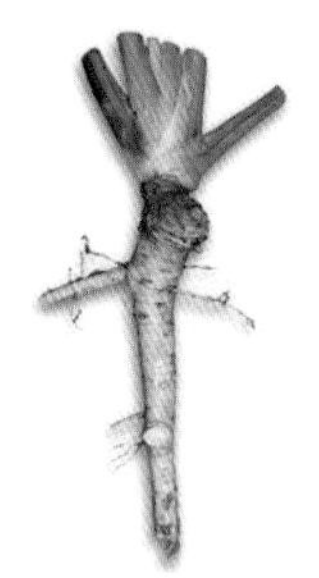

호스래디시는 서양 와사비로 많은 사람들에게 알려져 있는데 와사비와 같이 매운맛이 나고 강한 향을 가지고 있으나 향신료에 열을 가하면 그 향미가 사라져 버린다. 호스래디시는 육류요리나 훈제연어 요리와 함께 즐겨 먹는다.

⑤ **터메릭(Turmeric)**

강황으로 불리는 터메릭은 열대 아시아가 원산지인 여러해살이 식물로 생강과 비슷하게 생겼으며 장뇌와 같은 향기가 나고 쓴맛이 강하다. 뿌리 부분을 건조시켜 빻아서 만든 노란색 향신료이다.

6. 파스타

끈기 있는 단백질인 글루텐을 많이 함유한 듀럼밀의 배유에서 추출한 과립모양의 세몰리나 밀가루로 만든 파스타는 종류가 매우 다양하며 모든 소스와 다 잘 어울리는 특징이 있다. 파스타의 어원은 '인파스타래리'라는 이탈리아어에서 온 것으로 우리나라에서는 밥에 해당하는 요리이지만 주된 식사라기보다는 식욕을 돋우는 역할을 한다. 외국에서는 고객의 취향에 맞게 파스타의 면과 소스를 직접 선택할 수 있도록 되어 있다.

파스타는 다양한 크기와 특이한 모양이 많은데, 모양이 있는 파스타의 경우 일반적으로 건조시킨 파스타이다.

종류	내용
캄파넬레 (Campanelle)	약 7~10분 정도 삶으면 적당하고 모양은 물결 모양의 모서리를 가진 작은 콘 모양의 파스타이다.
카스텔라네 (Castellane)	약 10~13분 정도 삶으면 적당하며 나선형의 긴 형태로 돌돌 말려 있다.
카바텔리 (Cavatelli)	약 13~16분 정도 삶으면 적당하며 작은 조가비 모양의 파스타로 가장자리가 돌돌 말려 있다.
콘킬리오니 (Conchiglioni)	약 11~14분 정도 삶으면 적당하며 모양 파스타 중 가장 큰 크기의 파스타이다.
피오리(Fiori)	약 8~10분 정도 삶으면 적당하며 꽃봉오리같이 생긴 파스타이다.
푸실리(Fusilli)	약 10~12분 정도 삶으면 적당하며 꽈배기 모양의 파스타로 쫄깃한 식감이 특징이며 샐러드에도 많이 이용된다.
파르팔레(Farfalle)	약 8~10분 정도 삶으면 적당하며 나비넥타이 또는 나비모양의 파스타로 크기는 다양하다. 육류를 넣은 소스나 크림소스와 잘 어울린다.
뇨키(Gnocchi)	약 2~4분 정도 삶으면 적당하며 감자와 밀가루, 달걀 또는 소맥분과 달걀로 만든 작은 감자 덤플링에서 나온 이름이다.
콰드레피오레 (Quadrefiore)	약 15~18분 정도 삶으면 적당하며 두꺼운 사각형 모양 파스타로 잔 물결 모양의 다양한 선이 있다.
로티니(Rotini)	약 10~13분 정도 삶으면 적당하며 짧고 비틀어진 나선형의 파스타이다
루오테(Ruote)	약 9~12분 정도 삶으면 적당하며 6개의 구멍이 나 있어 마차 바퀴와 모양이 매우 유사하다.
스피랄리니 (Spiralini)	약 9~12분 정도 삶으면 적당하며 똬리를 튼 모양으로 푸실리 부카티보다 더 틀어져 있는 모양이다.
보콘치니 (Bocconcini)	약 9~10분 정도 삶으면 적당하며 중간 사이즈 튜브파스타이다. 표면에 줄이 그어져 있으며 약간 구부러져 있는 것이 특징이다.
엘보 마카로니 (Elbow Macaroni)	약 8~10분 정도 삶으면 적당하며 가장 일반적인 모양의 파스타이다. 반원의 굴곡 모양으로 폭이 좁은 튜브 모양이다.

종류	내용
가르가넬리 (Garganelli)	약 8~10분 정도 삶으면 적당하며 얼핏 보면 펜네와 비슷한 모양이지만 사실은 덜 말린 모습으로 정사각형을 돌돌 말아놓은 모양이다.
펜네 리가테 (Penne Rigate)	약 10~12분 정도 삶으면 적당하며 끝부분이 날카로운 대각선으로 긴 펜의 끝과 비슷한 얇은 튜브 모양의 파스타이다.
리가토니(Rigatoni)	약 10~13분 정도 삶으면 적당하며 크고 구부러진 튜브 파스타 모양으로 표면이 각진 굴곡이고 일자로 잘려 있는 것이 특징이다.
카펠리니(Capellini)	약 2~4분 정도 삶으면 적당하며 긴 가닥의 파스타로 면이 매우 얇은 것이 특징이다.
푸실리 룽기 (Fusilli Lunghi)	약 10~12분 정도 삶으면 적당하며 길고, 비틀어지고 나선형 같은 모양의 파스타 면으로 가닥의 중앙에는 구멍이 관통한 것이 특징이다.
스파게티 (Spaghetti)	가장 널리 알려진 파스타의 대명사로 약 9~12분 정도 삶으면 적당하며 길고 얇으면서 둥그런 가닥의 파스타이다.
스파게티니 (Spaghettini)	약 7~10분 정도 삶으면 적당하며 스파게티보다 면이 조금 더 얇다.
라자냐 (Lasagne)	약 11~13분 정도 삶으면 적당하며 판대기 모양으로 생긴 넓적한 파스타이다. 치즈와 각종 소스를 층층으로 쌓아서 오븐에 구워 만든 요리를 칭하기도 한다.
파파르델레 (Pappardelle)	약 7~10분 정도 삶으면 적당하며 우동 정도의 굵기를 넓게 펴놓은 듯한 파스타이다.
페투치네 (Fettuccine)	약 7~10분 정도 삶으면 적당하며 칼국수처럼 넓은 파스타 면으로 씹는 느낌이 좋은 파스타이다.
링귀네(Linguine)	약 6~9분 정도 삶으면 적당하며 작은 혀라는 의미로 단면이 눌린 원형 형태이다. 어패류의 소스, 바질소스 등과 잘 어울린다.
리치아 (Riccia)	약 9~12분 정도 삶으면 적당하며 똬리를 튼 모양으로 푸실리 부카티보다 더 틀어져 있는 모양이다.
탈리아텔레 (Tagliatelle)	약 7~10분 정도 삶으면 적당하며 칼국수 면발 모양의 길고 납작한 파스타로 육류 및 치즈를 이용한 소스와 잘 어울린다.
아뇰로티 (Agnolotti)	약 4~7분 정도 삶으면 적당하며 원 모양의 가장자리는 물결 모양으로 만든다. 소를 채워 반으로 접고 열린 가장자리를 반원형이나 직사각형으로 봉한 파스타이다.

종류	내용
카펠로니 (Cappelloni)	약 13~15분 정도 삶으면 적당하며 만두처럼 생겨 안에 치즈나 고기 등으로 속을 넣은 파스타이다.
라비올리 (Ravioli)	약 4~9분 정도 삶으면 적당하며 사각형 형태인 반죽 사이에 소를 채워 넣은 사각형의 파스타이다.
토르텔리 (Tortelli)	약 9~12분 정도 삶으면 적당하며 펜네보다 직경이 넓다. 표면이 부드럽거나 각진 굴곡을 가진 파스타이다.

7. 치즈

치즈는 우유로 만든 유제품 중 하나로 우유에 들어 있는 단백질이 카제인이나 효소를 만나 응고되어 얻어진 우유성분의 고형물이다.

현재 전 세계적으로 만들어지고 있는 치즈의 종류는 800종 이상이며 지금까지 알려진 치즈의 종류는 2,000종이라고 한다. 치즈는 숙성과정에서 세균, 곰팡이, 온도, 기후 등의 영향을 받기 때문에 똑같은 방법으로 제조했어도 지역에 따라 맛의 차이가 있을 수 있다.

치즈는 단백질, 비타민, 무기질 등의 영양소가 골고루 함유된 완전식품이므로 영양학적 가치가 매우 높은 식재료이다.

1) 연질치즈(Soft Cheese)

연질치즈는 가장 부드러운 치즈를 말하는데, 이는 치즈 안에 들어 있는 수분함량 때문이다. 보통 연질치즈는 비숙성, 세균성, 곰팡이 숙성으로 분류하는데, 수분함량이 보통 40~60% 정도 함유되어 있어 다른 치즈에 비해 유통기간이 짧고 저온 보관해야 하는 단점이 있다.

① 크림치즈(Cream Cheese)

크림치즈는 우유에 크림을 섞어 만든 비숙성치즈로 미국에서 가장 인기 있는 치즈이며 숙성을 하지 않기 때문에 맛이 부드럽고 크림 같아서 빵에 발라먹거나 카나페, 치즈케이크 등에 주로 이용한다.

② 버펄로 모차렐라 치즈(Buffalo Mozzarella Cheese)

모차렐라 치즈는 물소의 젖으로 만든 비숙성치즈로 숙성 특유의 냄새가 없고 크림처럼

부드럽다. 버펄로 모차렐라 치즈는 열을 받아 녹으면 실처럼 늘어나는 성질이 있고 샐러드나 샌드위치 등의 요리용으로 즐겨 먹는다.

③ 리코타 치즈(Ricotta Cheese)

리코타 치즈는 이탈리아의 비숙성치즈로 소젖 또는 양젖을 원료로 하여 만드는데 지방함량은 20~30%이다. 풍미는 상큼하고 단맛이 있어 꿀이나 잼을 올려 디저트로 많이 사용한다.

④ 마스카르포네(Mascarpone)

마스카르포네는 비숙성치즈로 이탈리아가 원산지이며 우유에서 분리한 크림이 원료이기 때문에 지방함량이 50~60%로 매우 높고 크림처럼 부드럽고 치즈 특유의 냄새가 없어 빵에 발라먹기도 하고 보통 디저트의 재료로 많이 쓰인다.

⑤ 브리(Brie)

브리는 프랑스의 대표적인 치즈로 곰팡이 숙성치즈이다. 브리는 프랑스의 지명에서 유래된 이름인데 치즈의 왕으로 뽑혔을 정도로 인기 있는 치즈이다. 치즈의 외관은 하얀 껍질로 되어 있고 내부는 크림색을 띤 부드러운 치즈이다. 와인과 디저트에 어울리는 치즈이다.

⑥ 카망베르(Camembert)

카망베르는 브리와 같이 프랑스의 대표적인 곰팡이 숙성치즈로 카망베르의 지명에서 유래된 이름이다. 외관은 하얀 껍질로 되어 있고 내부는 부드러운 크림처럼 부드럽고 말랑말랑하다. 와인과 디저트에 어울리는 치즈이다. 빵이나 비스킷에 발라먹기도 한다.

⑦ 쿨로미에(Coulommiers)

쿨로미에 치즈는 곰팡이 숙성치즈로 브리 치즈보다 작지만 두께가 더 두껍고 외관은 카망베르 치즈와 비슷하다. 부드러운 아몬드 맛이 나고 디저트용 치즈로 사용한다.

2) 반경질치즈(Semi Hard Cheese)

반경질치즈는 세균 숙성치즈와 곰팡이 숙성치즈로 분류되고 수분함량이 40~50%로 응유를 압착하여 만든다.

① 로크포르(Roquefort)

로크포르 치즈는 세계 3대 블루치즈 중 하나로 프랑스가 원산지이며 세계에서 가장 오래된 치즈로 알려져 있다. 원통모양의 푸른색 곰팡이가 퍼져 있고 누르면 쉽게 무너진다. 아비뇽 지역의 석회암 굴에서 숙성시켜 최고의 맛을 자랑한다.

② 고르곤졸라(Gorgonzola)

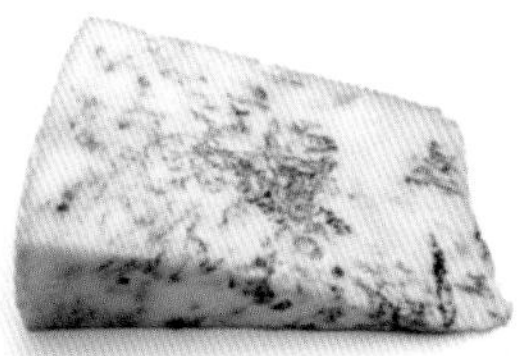

고르곤졸라 치즈는 세계 3대 블루치즈 중 하나로 이탈리아가 원산지이며 소젖으로 만든다. 외관은 적갈색으로 까칠까칠하나 내부는 크림같이 부드럽고 푸른색 곰팡이가 치즈에 퍼져 있다. 속은 부드러운 크림형태이다.

③ 스틸턴(Stilton)

스틸턴 치즈는 세계 3대 블루치즈 중 하나로 영국이 원산지이며 치즈의 이름도 지명에서 붙여졌다. 스틸턴은 페니실린이라는 푸른 곰팡이로 숙성시켰기 때문에 치즈 내부에 푸른색 곰팡이가 전체적으로 퍼져 있는 것이 특징이다.

④ **모차렐라 치즈(Mozzarella Cheese)**

모차렐라 치즈는 세균숙성으로 만든 치즈이며 흔히 '피자치즈'로 많이 알려진 치즈가 모차렐라 치즈이다. 실처럼 늘어나는 성질이 있어 피자나 리조토 등의 요리에 많이 쓰이고 있다.

⑤ **페타(Feta)**

페타 치즈는 레닌이라는 효소를 넣어 응고시킨 반경질치즈로 그리스의 목동들이 남은 우유를 저장하려고 만든 치즈이다. 밝은 하얀색으로 부서지기 쉽고 치즈의 간이 강한 것이 특징이다.

3) 경질치즈(Hard Cheese)

경질치즈는 대부분 산악지역에서 생산되며, 세균에 의한 숙성치즈로 수분함량이 30~40% 내외이다. 응유를 끓인 다음 세균을 첨가하여 숙성시키는 치즈이다.

① **그뤼에르(Gruyere)**

그뤼에르 치즈는 스위스 치즈이며 세균을 숙성시킨 치즈다. 무살균 우유를 가열 압착하여 숙성시킨 치즈로 에멘탈 치즈에 비해 맛과 향이 강하고 퐁뒤요리에 사용하는 대표적인 치즈이다.

② **에멘탈(Emmental)**

에멘탈 치즈는 스위스의 대표적인 치즈로 생우유를 가열 압착시켜 숙성시킨 치즈이다. 원반형으로 지름이 1m 가까이 되는데 무게가 대략 60~100kg인 세계 최대의 치즈이다. 치즈의 내부는 균에 의한 가스 발포로 구멍이 형성되어 있다.

③ **체더(Cheddar)**

체더 치즈는 영국의 체더마을의 지명에서 만들어진 이름이며 우유를 압착해 오래 숙성시킨 치즈이다. 10℃ 이하의 저온에서 5~8개월간 숙성시키면 맛이 더욱 좋아진다.

④ **라클레테(Raclette)**

라클레테 치즈는 스위스 발레지방에서 만들어진 치즈인데, 원래는 발레치즈라고 불렸으나 19세기 이후에 라클레테라는 이름으로 바뀌었다고 한다. 치즈에 열을 가해 녹으면 빵, 채소, 감자 등에 곁들여 먹고 부드럽고 시큼한 맛이 난다.

⑤ **하우다(Gouda)**

하우다 치즈는 네덜란드의 대표적인 치즈로 6세기경에 처음 만들어진 역사가 오래된 치즈이다. 우유를 짜서 압착하여 숙성시킨 치즈로 숙성기간은 1년에서 최대 4년까지이며 처음에는 부드럽지만 숙성될수록 독특하고 강한 맛이 나는 치즈이다.

⑥ **에담(Edam)**

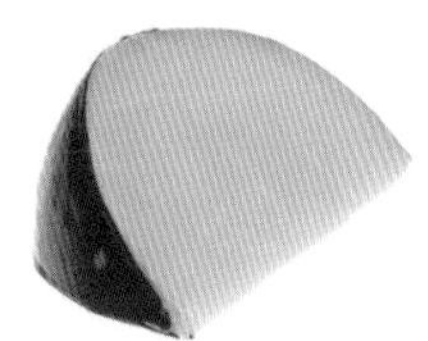

에담 치즈는 네덜란드의 대표적인 치즈로 에담지역이 원산지이다. 붉은색 왁스를 코팅한 구형 모양으로 탈지 또는 부분탈지 우유를 사용하여 지방함유율이 낮고 버터향이 나고 약간의 신맛이 있다.

4) 초경질치즈

초경질치즈는 수분함량이 20~30%로 매우 단단한 치즈이다. 초경질치즈로 대표적인 치즈는 이탈리아의 파르메산 치즈와 로마노 치즈가 있다.

① **파르메산(Parmesan)**

수분함량이 매우 적은 초경질치즈로 이탈리아 파르마(Parma)의 지명을 따서 지었다. 숙성기간이 3~4년으로 다른 치즈에 비해 길며 조직이 매우 단단하므로 분말치즈로 만들어 피자나 스파게티에 뿌려 먹는다.

② **그라나 파다노(Grana Padano)**

그라나 파다노 치즈는 이탈리아의 파다나 평야에서 우유를 써서 가열 압축하여 숙성시킨 치즈로, 이탈리아 요리에서 빠지지 않는 인기 있는 치즈이다. 분말치즈로 가공하여 사용한다.

실기편

- 전채
- 수프
- 샐러드
- 생선과 해산물
- 파스타와 피자
- 육류
- 샌드위치
- 디저트

Appetizer

전채요리 Appetizer

전채요리는 코스요리 중에서 가장 먼저 제공되는 요리로 프랑스어로는 Hors D'oeuvre라고 한다. Hors는 '앞'을, Oeuvre는 '식사'를 의미한다. 즉 식사 전에 제공되는 첫 번째 요리를 뜻하는 것으로 식욕 촉진제의 역할을 한다.

전채요리의 특징은
첫째, 시각적으로 식욕을 돋울 수 있도록 색이 아름다워야 한다.
둘째, 신맛과 짠맛을 가지고 있어 타액의 분비를 촉진시켜 식욕을 돋울 수 있도록 해야 한다.
셋째, 한입 크기로 먹을 수 있도록 하고 지나치게 많은 열량은 가급적 피하는 것이 좋다.

세계적으로 유명한 3대 전채요리의 식재료로 철갑상어알의 캐비아(Caviar), 거위 간(Foie Gras), 송로버섯(Truffle) 등이 있는데, 이 재료들은 희소성 때문에 가격이 매우 비싸다.
즐겨 먹는 전채요리의 종류로는 카나페(Canape), 칵테일(Cocktail), 애피타이저 샐러드(Appetizer Salads), 오르되브르(Hors D'oeuvers) 등이 있다.

① 카나페(Canape) : 카나페는 오르되브르의 일종으로, 빵을 여러 모양으로 잘라서 튀기거나 토스트하여 빵조각 위에 소스를 바르고 다른 식재료를 곁들이는 것을 의미하며 한입 크기로 작게 만든다. 칵테일파티에서 빠져서는 안 될 음식이다.

② 오르되브르(Hors D'oeuvres)
칵테일파티에서 카나페와 같이 제공되는 전채요리로 육류, 어패류, 달걀, 가금류 등의 식재료를 이용해서 한입 크기로 만들며 카나페와 달리 빵을 필요로 하지 않는다.

③ 애피타이저 샐러드(Appetizer Salad)
애피타이저 샐러드는 여러 가지 채소에 훈제연어, 가금류, 참치 등이 곁들여져 드레싱을 부어서 제공된다.

Beef Carpaccio and Arugula with Balsamico Dressing

비프 카르파초

재료 목록

Beef tenderloin	120g
French mustard	30g
Arugula	40g
Watercress	30g
Permesan cheese	10g
Rosemary	3g
Sage	3g
Dill	3g
Thyme	3g
Crushed pepper	20g
Salt	1g
Pepper	1g

Balsamico dressing

Balsamico vinegar	50ml
Olive oil	100ml
Dijon mustard	5g
Salt	1g
Pepper	1g

만드는 방법 recipe

❶ 안심을 잘 다듬어 동그랗게 만든다.
❷ 각 준비된 허브를 다져 겨자와 함께 소금 · 후추를 넣고 섞어준다.
❸ 형태가 잡힌 안심에 2번의 허브를 고루 발라 비닐이나 랩으로 팽팽하게 말아 냉동실에 넣어 보관한다.
❹ 발사믹 비니거와 올리브 오일을 이용 디종(Dijon)겨자와 소금, 후추를 넣고 발사믹 드레싱을 만든다.
❺ 냉동에서 약간 언 안심을 1mm 정도의 두께로 썰어 접시에 가지런히 깔아놓는다.
❻ 안심을 중심으로 준비된 샐러드 채소 및 곁들임 가니쉬와 드레싱을 곁들여 마무리한다.

Balsamico vinegar

이탈리아의 모데나(Modena)지방의 전통적인 식초로 포도와 와인을 숙성시켜 색은 검고 맛은 새콤하며 단맛과 특유의 깊은 향기가 나며 각종 요리, 샐러드 등에 사용된다.

주성분은 초산으로 3~5% 정도를 함유하고 있으며, 발효과정에서 생기는 유기산이나 아미노산이 함유되어 특유한 향미를 낸다.

Gravlax Salmon with Honey Mustard Sauce

허니겨자드레싱에 연어 그라블랙스

재료 목록

Fresh salmon	140g
Natural salt	50g
Sugar	20g
Dill	5g
Sage	2g
Chervil	2g
Lemon	1ea
Fennel	80g
Carrot	10g
Onion	100g
Celery	30g

Honey mustard dressing

Honey	20g
French mustard	30g
Egg	1ea
Olive oil	100ml

만드는 방법 recipe

❶ 당근, 양파, 셀러리를 곱게 갈아서 허브와 소금 · 설탕을 함께 섞는다.
❷ 연어를 깨끗이 손질하여 1번의 재료를 이용하여 염장한다.
(하루에서 이틀을 염장하여 사용하는 것이 이상적이다.)
❸ 딜과 허브를 곱게 다져 준비한다.
❹ 펜넬을 슬라이스하여 끓는 물에 데친 후 올리브 오일과 소금, 후추를 넣고 버무린다.
❺ 달걀 노른자를 이용 겨자와 식초를 넣고 올리브 오일을 서서히 넣으며 꿀과 각종 양념을 이용하여 허니겨자드레싱을 만든다.
❻ 염장 재료를 걷어내고 깨끗이하여 다진 허브와 레몬을 고루 뿌려준다.
❼ 접시에 펜넬(Fennel)샐러드를 놓고 연어를 30도 정도의 기울기로 슬라이스하여 가지런히 모양있게 놓고 허니겨자소스를 곁들여 마무리한다.

그라블랙스(Gravlax)

그라블랙스는 스칸디나비아의 단어인 그라블(땅속의 구멍)과 랙스(연어)에서 나왔다. 즉 '땅속에 묻은 연어'를 의미한다. 우리나라의 홍어를 발효시키듯 발효식품으로 이용하였으나 지금은 발효하지 않고 소금과 설탕, 딜, 레몬향으로 마리네이드하여 1~2일 정도 보존 처리한 후에 사용한다. 이와 같은 방법으로 다른 기름기 많은 생선에 사용될 수 있지만, 연어가 가장 보편적이다.
그라블랙스는 대부분 얇게 저며서 딜과 겨자소스를 곁들여 제공한다.

Seafood Cebiche
관자(해산물) 세비체

재료 목록

Scallop	50g	Basil	1g
Shrimp	60g	Black olive	10g
Mussel	60g	Green olive	10g
Red onion	30g	Red paprika	10g
Tomato	1/2ea	Grape fruit	50g
Lemon	2ea	Olive oil	50ml
Carrot	20g	Salt	1g
Celery	10g	Pepper	1g

만드는 방법 recipe

❶ 새우는 내장을 제거하고, 관자살은 테두리의 띠를 제거하고, 홍합은 깨끗하게 정리한다.
❷ 팬에 쿠르부용(Court-bouillon)을 만들어 새우, 관자, 홍합을 데쳐낸다.
❸ 레몬주스와 올리브 오일로 레몬드레싱을 만든다.
❹ 적양파, 셀러리, 당근, 붉은 파프리카를 쥘리엔으로 썰어서 준비한다.
❺ 자몽, 토마토는 껍질은 제거하고 웨이지를 6쪽 준비한다.
❻ 모든 재료를 드레싱에 버무려 해산물과 자몽을 중심으로 하나씩 쌓아 놓는다.
(재료들을 가지런히 배열하여 접시에 담기도 한다.)

세비체(Cebiche)

주로 해산물을 라임주스에 절여 양파나 토마토, 고수 등의 채소나 허브 등을 곁들여 먹는 요리로 멕시코나 페루 등의 중남미 카리브해 지역에서 즐겨 먹는다.

Bilini with Smoked Salmon and Caviar
훈제연어와 캐비아를 곁들인 빌리니

재료 목록

Soft flour	130g	Smoked salmon	60g
Yeast	10g	Fresh cream	80ml
Milk	50ml	Olive oil	10 ml
Sugar	8g	Salmon(row)	15g
Egg	1ea	Caviar black	15g
Salt	1g	Dill	1g
Butter	20g		
Nutmeg	1g		

만드는 방법 recipe

❶ 밀가루와 함께 이스트, 설탕, 달걀, 버터를 넣고 믹서하여 우유의 농도를 맞추어 약간의 너트메그향을 주어 팬케이크 반죽처럼 만든다.
❷ 팬을 달구어 원하는 크기에 맞추어 5cm 정도의 빌리니를 만들어 한 김 날린다,
❸ 훈제연어는 슬라이스하여 예쁜 모양으로 접어준다.
❹ 크림을 이용하여 휘핑을 쳐서 준비한다.
❺ 빌리니 위에 훈제연어를 예쁘게 올려놓고 크림을 올리고 작게 썬 샬롯과 함께 캐비아나 연어알을 놓고 딜을 올려 장식한다,

반죽에 허브를 넣어 허브 빌리니를 만들 수도 있다.

Champagne Pate
컨트리 스타일 파테(샴페인 파테)

재료 목록

Pork round	500g
Pork belly	500g
Chicken liver	200g
Salt	25g
Pepper	15g
Garlic	10g
Onion	150g
Egg	1ea
Port wine	10ml
Cognac	5ml
Pistachio	15g
Thyme	3g

Pate dough

Flour	200g
Butter	70g
Egg	2ea
Salt	5g
Sugar	10g
Water	20ml

Cranberry sauce

만드는 방법 recipe

❶ 박력분, 녹인 버터, 달걀, 소금 ,설탕, 물을 넣고 파테 도우(dough)를 반죽하여 30분 정도 숙성시킨다.
❷ 고기 그라인더를 이용하여 돼지고기를 갈아준다.
❸ 양파를 마늘과 함께 볶은 후 식혀 닭간과 돼지고기 간 것과 함께 생크림, 타임, 포트와인, 소금, 후추를 넣어주면서 곱게 갈아서 포스미트(Forcemeat)를 만들어놓는다.
❹ 숙성된 반죽을 넓게 펴서 틀(Mold)에 맞도록 잘라 틀 안쪽에 놓고 안쪽 면에 Pork Fat을 넣고 포스미트를 담아준다. (파테 안에 어울리는 피스타치오나 건자두 등과 같은 견과류나 채소 등을 넣어 파테의 단면을 만들기도 한다.)
❺ 틀에 모든 재료를 채웠으면 맨 위에도 파테 도우로 덮어주고 달걀 노른자를 바른다.
❻ 180℃ 오븐에서 중탕 가열로 25분 정도 구운 뒤 꺼내서 몰드 위에 작은 구멍을 뚫어 뜨거울 때 적포도주 젤라틴을 구멍 안으로 채운 뒤 냉장고에서 식혀준다.
❼ 젤라틴이 굳어지고 파테가 식으면 꺼내 슬라이스해서 접시에 담고 크랜베리(cranberry) 소스나 무화과 와인 절임이나 어우러지는 채소를 곁들여준다.

Tuna Carpaccio
참치 카르파초

재료 목록

Red tuna	100g
Crushed pepper corn	30g
Olive oil	20ml
Salt	3g
Cucumber	60g
Chicory	30g
Kiwari	30g
Enoki mushroom	30g

Oriental dressing

Sesami oil	60g
Lemon juice	20g
Olive oil	50g
Soy sauce	20g
Sugar	5g
Garlic	5g
Salt	10g
Pepper	3g

만드는 방법 recipe

❶ 준비된 채소들을 다듬어 찬물에 담가 살린다.
❷ 냉동 참치를 상온의 물에 3% 정도의 소금물을 이용 해동과 함께 참치에 묻은 불순물을 제거한다.
❸ 참치를 준비해서 소금 간을 하고 으깬 통후추를 고루 묻힌다,
❹ 올리브 오일, 레몬주스, 참기름, 설탕, 마늘, 소금, 후추를 섞어 오리엔탈 드레싱을 만든다.
❺ 달구어진 팬에 오일을 두르고 참치의 표면을 구워준다,
❻ 구운 참치를 7~8mm 두께로 도톰하게 썰어 가지런하게 접시에 담고 주어진 채소를 같이 놓고 드레싱을 곁들인다.

카르파초(Carpaccio)

이탈리아인들이 즐겨 먹는 카르파초(carpaccio)는 쇠고기, 송아지고기, 연어, 참치를 비롯한 육류나 생선을 얇게 썰어 소스나 드레싱을 뿌려 루콜라 등 채소와 곁들여 먹는 전채요리이다.
올리브 오일이나 발사믹을 소스에 많이 사용한다.

Shrimp Terrine with Chillic Sauce
칠리소스를 곁들인 새우테린

재료 목록

Shrimp	100g
White fish (Halibut)	100g
Egg white	3ea
Fresh cream	130ml
Squish	150gr
Lemon	1/2ea
Parsley	10g
Salt	25g
Pepper	5g

Vegetable pickle

Cucumber	40g
Carrot	30g
Turnip	30g
Vinegar	20g
Sugar	20g
Salt	5g

Sweet chilli sauce

Chilli oil	10ml
Sugar	50g
Garlic	20g
Onion	40g
Hot sauce	10g
Water	150ml
Vinegar	30ml

만드는 방법 recipe

❶ 새우살과 흰살 생선을 준비한다.
❷ 파슬리는 다지고, 달걀 흰자, 생크림을 준비한다.
❸ 새우살과 함께 흰살 생선을 소금, 후추, 생크림, 달걀 흰자, 레몬즙을 넣고 부드러워질 때까지 무스 형태로 만들어준다. 이때 다진 파슬리도 함께 넣어준다.
❹ 애호박의 파란 부분을 중심으로 썰어 비닐을 깔고 애호박을 가지런히 놓고 테린의 몰드 안에 넣어준다. 그 안에 생선무스를 공기가 들어가지 않도록 넣어준다. (중간에 맛이나 모양을 위해 다른 재료를 어울리게 어떠한 형태로든 넣을 수 있다. 연어, 홍합, 기타 채소 등)
❺ 테린의 내부 온도가 63℃가 될 때까지 오븐에서 75℃로 중탕에서 60~70분 정도 익힌다.
❻ 테린이 익으면 1시간 정도 식혔다가 살짝 눌러 모양이 잡히도록 한다.
❼ 테린과 함께 피클을 곁들이고 칠리소스를 곁들여 준비한다.

Smoked Salmon with Dill Sauce

딜소스를 곁들인 훈제연어

재료 목록

Smoked salmon	80g
Sweet potato crispy	30g
Sour cream	10g
Salmon caviar	5g
Lettuce	10g
Green vitamin	10g
Romane lettuce	10g
Mustard cress	5g
Green chicory	5g
Red chicory	5g
Dill fresh	1g
Spring onion	5g
Chive	1g
Cheese stick	1ea

Light dill sauce

Sour cream	10g
Olive oil	10ml
Plain yoghurt	20g
Dill	1g
Lime juice	3ml
Mint jelly	2g
White wine	5ml

만드는 방법 recipe

❶ 훈제연어를 얇게 썰어 준비한다.
❷ 고구마를 길이로 얇게 썰어 잠시 물에 담갔다가 물기를 제거하고 150℃의 온도에 바삭하게 튀긴다.
❸ 각종 채소를 깨끗이 씻어 물기를 제거하여 준비한다.
❹ 요구르트와 사워크림에 딜을 함께하여 딜소스를 만든다.
❺ 채소와 훈제연어, 고구마튀김을 한 층 한 층 쌓듯이 3층으로 올려 만든다. 연어알을 위에 올려주고, 소스를 뿌려주고, 치즈 스틱을 가니쉬로 곁들인다.

Smoked(훈연)

훈제(Smoking)는 고기 등의 음식을 연기를 사용해 훈연처리하여, 연기성분이 흡수되도록 하는 조리 및 보존 방법을 말한다. 일반적으로 연기의 원료는 나무의 톱밥을 사용한다.
고기류 외에도 어류나 치즈, 채소 등 다양한 음식에 사용되는 조리방법이다.
가장 많이 쓰이는 방법은 건조 또는 소금에 절인 상태로 훈제를 가하는 방법이다. 이러한 방법으로 음식 내부에 박테리아 등이 살기 어렵게 되고, 외부에는 훈제를 통해 음식을 보호할 수 있는 막이 생기게 되며 보존기간도 연장할 수 있다.

Tuna Tartar with Basil Sauce

바질소스에 참치 타르타르

재료 목록

Tuna	80g
Cucumber	20g
Onion	15g
Tomato	100g
Spring baby leaves	10g
Olive oil	10ml
Lemon	1/2ea
Dijon mustard	2g
Parmesan cheese	5g
Balsamic vinegar	15g
Salt & Pepper	2g

Basil pesto

Basil leaves	2g
Olive oil	20ml
Dijon mustard	1g
Parmesan cheese	10g

만드는 방법 recipe

❶ 참치를 0.4cm 크기의 다이스 모양으로 자른다.
❷ 양파와 오이를 브뤼누아즈(0.3cm) 사이즈의 모양으로 자른다.
❸ 토마토는 껍질과 씨를 제거한 후 콩카세를 만든다.
❹ 바질잎과 파마산(파르메산) 치즈, 잣, 겨자를 올리브 오일에 갈아서 바질소스를 만든다.
❺ 참치에 양파, 오이, 토마토, 겨자, 레몬주스, 소금, 후추를 넣고 잘 섞어준다.
❻ 둥근 링 모양의 틀을 이용하여 참치 섞은 것을 담고 새싹채소를 곁들여 바질소스를 뿌리고, 파마산 플레이크(flake)를 곁들여서 마무리한다.

Tartar(타르타르)

신선하고 탄력있는 생선 또는 육류를 골라 올리브 오일(olive oil), 신선한 허브(fresh herb), 피망, 양파, 레몬즙, 소금, 후추 등을 넣고 잘 섞은 다음 익히지 않은 채로 조리하는 음식을 말하며 보통 채소와 생선은 작은 다이스(dice)로 썰고 허브는 다져서 사용한다.

Fried Buffalo Mozzarella Cheese and Ham & Melon

모차렐라 치즈 튀김과 햄 멜론

재료 목록

Mozzarella cheese	120g
Egg	2ea
Bread crumb	100g
Flour	50g
Parma ham slice	30g
Lettuce	20g
Radicchio	10g
Endive	10g
Watercress	15g
Musk melon	120g

Sun tomato dressing

Sundry tomato	15g
Tomato juice	10ml
Onion chop	5g
Garlic chop	2g
Red chilli chop	2g
Lemon	10ml
Parsley chop	1g
Coriander fresh	1g
Olive oil	15ml
Salt & pepper	2g

만드는 방법 recipe

❶ 선드라이 토마토, 칠리, 마늘, 토마토주스, 레몬주스, 올리브 오일 등의 재료를 섞어서 선드라이 토마토 드레싱을 만들어준다.

❷ 모차렐라 치즈를 반으로 잘라서 달걀, 밀가루, 빵가루를 입혀 기름에 튀겨 준비한다.

❸ 바질잎을 튀기고, 선드라이 토마토를 썰어 준비한다.

❹ 멜론을 웨지 모양으로 썰어 준비하고 파르마햄을 썰어서 준비한다.

❺ 접시에 샐러드를 조금 놓고 모차렐라 치즈 튀긴 것과 멜론에 파르마햄을 올려 가로질러 놓고 선드라이 토마토 드레싱을 곁들인 뒤 바질 튀긴 것과 선드라이 토마토를 놓아 마무리한다.

Parma ham(파르마햄)

파르마(Parma)는 이탈리아 북부 파르마지역에서 생산되는 뼈가 붙은 햄으로 주로 돼지의 뒷다리를 사용하며, 훈제하지 않고 1년 이상 말린 햄이다. 파르메산 치즈를 만들고 남은 치즈 찌꺼기인 유청 먹인 돼지고기로 염장하여 만든 햄으로 스페인의 하몽, 중국의 금화햄과 같이 이탈리아의 대표적인 햄이다. 주로 전채요리에 많이 사용한다.

Mango with Crab Meat Timbal
망고를 장식한 크랩게살 팀발

재료 목록

Spring baby leaves	10g	Red chilli	5g
Lemon juice	10ml	Coriander	3g
Fresh mango	1ea	Mayonnaise	15g
Crab meat	80g	Dijon mustard	3g
Red onion	15g	Sour cream	10g

만드는 방법 recipe

❶ 적양파를 얇게 썰고, 고추는 곱게 다지고, 고수잎도 썰어서 준비한다.
❷ 대게살은 결을 따라 곱게 찢어 준비한다.
❸ 준비된 재료에 디종겨자, 사워크림, 소금, 후추를 혼합하여 준비한다.
❹ 망고는 껍질을 제거한 후 속살을 일정한 모양의 형태로 펼쳐 썰어 동그란 링의 안쪽 벽을 이용하여 둥그렇게 모양을 잡아준다.
❺ 둥근 모양의 망고 안쪽에 준비된 게살샐러드 재료들을 채워 놓고 고수와 새싹으로 장식하고 매콤한 망고 살사를 곁들여 마무리한다.

망고 껍질은 와인글라스를 이용하면 망고 속살의 모양을 살리면서 껍질을 쉽게 제거할 수 있다.

Vineyard Snail Bourguignonnes in Shell

달팽이

재료 목록

Snails	80g	Pepper	1g
Onion chop	5g	Salt	1g
Garlic chop	5g	Red wine	50ml
Butter	30g	Red onion	25g
Herb provence	3g	Lemon juice	5ml
Brandy	5ml	Parmesan cheese	5g
Parsley chop	3g	Snail shell	6ea
Brown sauce	50ml		

만드는 방법 recipe

1. 팬에 버터를 두르고 다진 양파, 다진 마늘을 넣고 볶다가 허브 프로방스를 넣고 달팽이를 넣은 후 잘 저어준다.
2. 브랜디로 플람베하고 브라운 소스를 넣어 기본 소금, 후추 간을 한다.
3. 달팽이 껍질은 깨끗이 씻어서 잘 건조시킨다.
4. 적양파를 볶고 레드와인을 넣어 졸인 후 식혀서 레몬주스를 넣고 파마산 치즈와 소금, 후추, 그리고 적당히 녹인 버터와 달걀 노른자를 넣고 잘 섞어준다.
5. 달팽이 껍질에 만들어놓은 버터를 달팽이와 함께 채워 오븐(180℃)에서 약 6분간 굽는다.

Snail(달팽이)

프랑스에서 식용달팽이로는 주로 부르고뉴달팽이, 회색달팽이, 왕달팽이가 사육되고 있으며, 우리나라에서 키우는 식용달팽이는 왕달팽이(아프리카 왕달팽이)이다.
지구상에는 2만여 종의 달팽이가 있는데 이 중 식용 가능한 달팽이는 약 100종이다.

Mozzarella Cheese and Tomato
모차렐라 치즈와 토마토

재료 목록

Mozzarella cheese	100g	Olive oil	10g
Tomato	60g	Basil	2g
Salt	2g	Mini vitamin	30ml
Pepper	2g	Balsamic vinegar	30ml
Green beans	10g	Salt & Pepper	2g

만드는 방법 recipe

❶ Green beans(채두)는 소금물에 데쳐내어 길이로 잘라 반 가르고 콩을 빼내어 물기를 제거한 후 소금, 후추, 올리브로 양념한다.

❷ 토마토, 모차렐라 치즈는 0.8cm 크기의 링으로 썰어준다.

❸ Balsamic Vinegar를 졸여준다.

❹ 접시에 빈스를 깔고 토마토를 같이 겹쳐 세로로 세워놓고 바질오일과 새싹채소를 넣고 바질로 장식하여 발사믹 졸인 것으로 마무리한다.

모차렐라 치즈

소의 젖을 이용하여 만드는 아주 신선한 비숙성 연질치즈로 가열할 때 녹고 잡아당기면 늘어나는 성질이 있어 피자 토핑에 쓴다. 이탈리아에서 가장 유명한 치즈이다. 리코타 치즈와 같이 이탈리아의 대표적인 치즈로 만들 때 사용한 염분 물을 그대로 이용하여 보관하며 다른 치즈에 비해 유통기한이 짧다. 샐러드, 애피타이저, 피자 등에 많이 사용된다.

Soup

수프 Soup

수프는 전채요리 다음에 제공되는 요리로 원래 의미는 프랑스어의 포타주(Potage), 즉 어원적으로 보면 'Pot에서 익혀서 먹는 요리'라는 의미와 '얇게 썰어 빵 위에 국물을 부어 먹었다'는 단어의 합성어이다.
대부분의 수프는 육류, 생선, 가금류 등의 뼈에 각종 채소와 향신료를 넣어 끓인 스톡(Stock)을 기본으로 만든 음식을 말한다. 만들어낸 수프의 농도에 따라 수프의 종류가 나눠지는데, 농도가 진한 수프와 걸쭉한 수프로 나눠지고 제공되는 온도에 따라 뜨거운 수프와 차가운 수프로 나눠진다.

수프의 종류

① 맑은 수프(Clear Soup)

콩소메(Consomme) : 간 고기, 난백, 미르포아를 이용하여 불순물을 흡수한 뒤 정화시킨 고기 국물로 송아지 콩소메, 치킨 콩소메, 생선 콩소메, 게임 콩소메(game consomme) 등이 있다.

부용(Bouillon) : 살코기와 뼈를 함께 우려낸 진한 국물에 채소, 고기 등을 곁들인다. 스코치 보리 수프(scotch barley soup), 양고기 브로스(lambs broth) 등이 있다.

채소(Vegetable) : 진한 스톡에 채소, 보리 등을 넣고 맑게 끓인 수프로, 미네스트로네(minestrone)가 여기에 해당한다.

② 진한 수프(Thick Soup)

크림 수프(Cream Soup) : 채소, 루, 우유를 넣고 30분간 시머링으로 끓인 후에 생크림을 넣어 완성한 수프로 버터로 몽테(monte)를 하기도 한다.

벨루테 수프(Veloute Soup) : 크림 수프에 우유와 생크림이 들어가지 않은 수프이다.

퓌레 수프(Puree Soup) : 채소를 삶아서 블렌더에 곱게 간 진한 수프이다. 또한 신선한 과일(머스크멜론, 딸기, 아보카도, 수박 등)에 단맛과 신맛을 곁들여 블렌더에 갈아서 만든다.

차우더 수프(Chowder Soup) : 생선, 조갯살, 베이컨, 감자, 채소, 우유를 이용한 크림 수프로 크래커(cracker)를 곁들여 고소한 맛을 내기도 한다.

비스크(Bisque) : 새우, 로브스터 등의 갑각류에 채소를 곁들여 만든 부드러운 수프로 쌀, 감자, 밀가루 등으로 농도를 조절하고, 크림을 넣어 완성한다.

③ 차가운 수프(Cold Soup)

콜드 콩소메(Cold Consomme), 스패니시 수프(Spanish Soup), 과일 수프(Fruit Soup), 비시스와즈(Vichyssoise)가 있다.

④ 특이한 국가별 수프

- 헝가리안 굴라시 수프(Hungarian Goulash Soup)
- 이탈리아 미네스트로네(Italian Minestrone)
- 보르스치 폴로네즈(Bortsch Polonaise)
- 프랑스의 부야베스(Bouillabaisse)
- 가스파초(Gazpacho)

Shrimp Bisque
새우 비스크

재료 목록

Shrimp	100g	Brandy	10ml
Onion	60g	White wine	30ml
Carrot	40g	Bay leaf	1leaf
Celery	20g	Rice flour	20g
Leek	5g	Dill	2g
Tomato paste	15g	Thyme	2g
Fresh cream	40ml	Salt	1g
Butter	30g	Pepper	1g
Fish stock	300ml		

만드는 방법 recipe

❶ 새우는 깨끗이 씻어 내장을 제거하고 껍질과 머리를 준비한다.
❷ 토마토와 양파, 당근, 셀러리, 대파를 채썰어 준비한다.
❸ 새우 껍질과 함께 채소를 버터에 볶다가 백포도주와 브랜디를 넣고 졸여준다.
❹ 3번의 볶음 재료에 쌀가루를 넣어 볶고 토마토 페이스트를 함께 볶는다.
(쌀가루 대신 농후제로 루(roux)를 사용하기도 한다.)
❺ 생선육수나 조개육수를 붓고 향신료를 넣고 은근히 충분하게 끓여준다.
❻ 고운체에 내려 다시 끓여 생크림을 넣고 농도조절을 한 후 소금과 후추로 간을 하여 마무리한다.
❼ 새우살을 이용하여 가니쉬로 곁들이고 생크림과 딜로 장식하여 마무리한다.
(크림을 이용 비스크 폼을 하여 곁들이기도 한다.)

비스크(Bisque)
비스크는 갑각류와 채소를 볶아 육수를 넣고 끓여서 크림 수프와 같은 농도로 만드는 프랑스식 육수 혹은 수프이다. 비스크에 크림을 넣고 수프로 만든 것을 bisques라고 부른다.

Cream of Chicken Soup with Whisked Egg White

허브 달걀 폼을 곁들인 닭고기 크림 수프

재료 목록

Chicken breast	70g	Thyme	1g
Carrot	20g	Parsley	1g
Celery	10g	Chive	1g
Onion	20g	Egg white	1ea
Butter	10g	Watercress	5g
Cream	100ml	Salt	1g
Pepper corn	1g	Pepper	2g

만드는 방법 recipe

❶ 닭을 적당량으로 등분하여 지방부위를 제거한 뒤 흐르는 물로 깨끗이 씻어 준비한다.

❷ 수프 육수에 사용할 양파, 당근, 셀러리를 준비한다.

❸ 등분한 닭과 채소, 향신료다발 등을 넣고 중불에서 50분간 끓여 육수를 만든다.

❹ 달걀 흰자를 분리하여 흰자거품을 낸 후 물냉이와 약간의 허브를 넣고 혼합하여 성형한 뒤 육수를 이용하여 소금을 넣고 흰자폼의 모양을 살려 고형화한다.

❺ 충분히 끓은 육수에서 향신료다발을 건져내고 육수와 닭고기살만 골라 믹서기를 이용하여 곱게 간다.

❻ 곱게 간 수프를 다시 한번 끓여 소금, 후추 간을 한 뒤 수프 볼에 담고 달걀 흰자폼(egg white dumpling)을 곁들여 마무리한다.

Asparagus Cream Soup
아스파라거스 크림 수프

재료 목록

Asparagus	120g
Onion	50g
Fresh cream	50g
Butter	20g
Chicken stock	300ml
Potato	50g
Leek	10g
Prosciutto	5g
Spinach	10g
Parprika powder	2g
Salt	1g
Pepper	1g

만드는 방법 recipe

1. 아스파라거스를 깨끗이 씻어 정리하여 썬다.
2. 시금치는 잎을 위주로 다듬고, 감자는 얇게 썰어 준비한다. 양파와 대파도 볶음을 하기 적당한 크기로 썬다.
3. 달구어진 팬에 버터를 넣고 양파, 감자, 대파를 볶다가 육수를 붓고 끓인다,
4. 육수가 끓으면 아스파라거스, 시금치를 넣고 끓인 후 믹서기를 이용하여 곱게 갈아 체에 걸러 다시 끓인다.
5. 크림을 넣어 수프를 마무리하고 아스파라거스를 이용하여 프로슈토(prosciutto)를 감고 파프리카 파우더를 햄에 뿌린 뒤 곁들여 마무리한다.

프로슈토(Prosciutto)

프로슈토는 이탈리아의 파르마 지역에서 유래된 자연숙성 햄으로 소금을 이용하여 돼지의 넓적다리를 통째로 숙성(12개월 이상)시켜 만들며 Crudo(날것)와 Cotto(익힌 것) 두 가지가 있다.

파르마 지역의 향이 강한 'prosciutto di parma(파르마햄)'는 종이처럼 얇게 잘라 먹는 고가의 햄으로 부드러운 산 다니엘레 지역의 제품을 최고로 꼽는다.

Chicken Consomme with Quenelle
커넬을 곁들인 닭고기 콩소메

재료 목록

Chicken meat	100g
Onion	150g
Carrot	30g
Celery	40g
Tomato	80g
Parsley	2g
Egg	1ea
Clove	1ea
Bay leaf	1leaf
Black pepper corn	1g
Salt	1g
Brandy	5ml
White wine	10ml

Chicken quenelle

Chicken	30g
Fresh cream	10ml
Egg	1ea
Salt & Pepper	2g

만드는 방법 recipe

❶ 닭고기 살과 양파, 당근, 토마토, 셀러리 촙을 한다.
❷ 양파를 링으로 0.2cm 두께로 썰어서 팬에서 갈색이 나도록 태운다. (Onion Brulee : 양파 브륄레)
❸ 닭뼈를 이용하여 닭 육수를 준비한다.
❹ 달걀 흰자를 거품기로 저어 거품을 낸 후 다진 고기, 당근, 양파, 셀러리, 토마토를 넣고 월계수잎, 정향, 후추, 브랜디, 백포도주를 같이 섞어 버무려준다.
❺ 소스팬에 찬 육수와 고기 버무린 것을 넣고 끓기 직전까지 눋지 않도록 서서히 저어주고 끓기 시작하여 고형물이 떠오르면 중앙에 구멍을 뚫어주고 중불 이하로 조절하여 양파 태운 것을 넣고 끓인다.
❻ 끓이면서 이물질을 걷어내고 40분 정도 후에 소창을 이용하여 맑게 걸러 마무리하고 커넬을 넣고 채소 쥘리엔으로 마무리한다.

닭고기 커넬
닭고기를 곱게 다져 소금, 후추, 달걀 흰자, 크림을 넣고 섞은 후 끓는 육수에 타원형의 완자를 만들어 넣고 익어서 떠오르면 완자를 건져낸다.

Consomme soup
육수에 주재료를 넣어 맛이 우러나도록 한 다음 정제하여 투명하게 만든 맑은 수프의 일종이다. 쇠고기, 닭고기, 버섯, 채소 콩소메 등이 있다.

Beef Goulash
쇠고기 굴라시

재료 목록

Beef ground	60g	Tomato paste	10g
Bacon	10g	Potato	20ml
Onion	30g	Beef stock	150ml
Garlic	5g	Bay leaf	1leaf
Green pimento	10g	Butter	10g
Red pimento	10g	Salt & Pepper	5g
Paprika powder	3g		
Flour	10g		

만드는 방법 recipe

❶ 양파, 감자, 피망은 0.5cm 크기의 다이스 모양으로 썰고 마늘은 다진다.
❷ 베이컨과 쇠고기는 사방 0.7cm 정도의 크기로 썬다.
❸ 냄비에 쇠고기와 양파, 마늘을 갈색이 되도록 볶은 후 버터와 밀가루를 넣어 같이 볶아준다.
❹ 토마토 페이스트를 볶고 파프리카가루를 넣어 볶은 후 향신료를 넣고 육수를 부어 천천히 끓여준다.
❺ 감자와 피망은 완성되는 시간을 예상하여 넣어주고 소금, 후추 간을 하여 마무리한 후 수프 볼에 담아준다.

Goulash(굴라시)
헝가리 시골에서 고기와 여러 채소를 같이 넣고 삶아 먹던 것에서 발전한 요리로, 현대 유럽에서 즐겨 먹는 쇠고기 수프 중 하나이다. 재료는 모두 직사각형으로 썰어서 끓이는 것이 특징이며, 쇠고기 국물에 파프리카(페이스트)가 들어간 독특한 맛이 특징이다. 헝가리인들은 '파프리카 안 넣은 굴라시는 굴라시가 아니다'라고 할 정도로 그들의 파프리카에 자부심을 갖고 있다.

Bouillabaisse
부야베스

재료 목록

Shrimp	50g	Garlic	5g
Clam	60g	Saffron	1g
Mussel	60g	Thyme	1g
Scallop	50g	White wine	50ml
Tobot	50g	Olive oil	10ml
Onion	30g	Salt	2g
Tomato	30g	Pepper ground	2g
Leek	10g		
Parsley	1stick		

만드는 방법 recipe

❶ 가자미살을 뜨고 뼈는 생선육수를 만든다.
❷ 양파, 마늘, 대파를 쥘리엔(Julienne)으로 썰고 토마토는 콩카세(Concasser)로 썬다.
❸ 새우는 내장과 껍질을 제거하고 홍합, 조개, 관자살을 깨끗하게 손질한다.
❹ 홍합과 조개, 가자미살은 미리 익혀놓는다.
❺ 올리브 오일에 마늘, 양파, 파를 볶은 후 새우 관자를 볶고 백포도주를 넣고 토마토를 넣은 후 생선 육수와 사프란을 넣고 삶아놓은 조개, 가자미살을 넣고 끓인다.
❻ 해산물이 익으면 양념을 하고, 수프 볼에 담아 향신채소로 장식을 한다.

※ 홍합과 조개류는 미리 삶아 불순물을 제거하고, 스톡은 걸러 사용할 수 있도록 한다. 가자미살은 접시에 담길 때까지 부서지지 않도록 주의한다.

Saffron(사프란)
창포 붓꽃과의 일종으로 암술을 말려서 사용한다. 진한 노란색으로 독특한 향과 쓴맛, 단맛을 내며 1g을 얻기 위해 500개의 암술을 말려야 한다. 핀 꽃을 따야 하고 수작업으로 이루어지며 세계에서 가장 비싼 향신료라 할 만큼 고가이다. 물에 잘 용해되어 노란색 색소로 이용한다
소스, 수프, 쌀요리, 감자요리, 빵, 페이스트리에 이용된다.

Lentil Cream Soup
렌틸 크림 수프

재료 목록

Green lentil	60g	Tomato paste	20g
Bacon	20g	Chicken stock	1000ml
Onion	10g	White wine	20ml
Celery	10g	Bay leaf	3g
Carrot	10g	Thyme	3g
Potato	50g	Parsley	3g
Butter	10g	Salt & Pepper	3g

만드는 방법 recipe

❶ 렌즈콩을 물에 담가 불린다.
❷ 양파, 당근, 셀러리, 감자를 스몰 다이스로 썰어 준비하고 감자는 갈변을 방지하기 위해 물에 담가둔다.
❸ 파슬리는 곱게 다져 물기를 제거하고, 베이컨은 썰어서 팬에 볶아 준비한다.
❹ 닭육수를 준비한다.
❺ 소스팬에 버터를 이용하여 양파, 당근, 셀러리, 감자, 렌즈콩을 순서대로 볶아주고 토마토 페이스트를 같이 넣고 충분히 볶는다. 그리고 백포도주를 넣어 콩의 비린내를 날리면서 닭고기 육수에 향신료를 넣고 충분히 끓여준다.
❻ 수프를 곱게 갈거나 입자 자체를 수프볼에 담고 베이컨과 파슬리로 가니쉬를 하여 마무리한다.

Lentil(렌즈콩)
콩과(Leguminosae)에 속하는 작은 1년생 식물과 렌즈 모양의 식용 씨앗으로 단백질이 풍부하며 태곳적부터 식량으로 심어오던 식물 중 하나이다. 또한 비타민 B, 철, 인, 그리고 아연 함량이 높고 태아의 기형을 막아주는 엽산도 풍부하다. 심장병, 암, 노화방지에 도움을 주는 황산화제 역할을 한다. 주로 수프나 샐러드에 사용한다.

French Onion Soup
프렌치 양파 수프

재료 목록

Onion	200g	Salt	2g
Brown stock	300ml	White pepper	1g
French sread	1pc	Gruyere cheese	30g
Butter	20g	Bay leaf	1leaf
Port wine	20ml	Parsley	2g
Garlic	1ea		

만드는 방법 recipe

❶ 양파를 가늘게 5cm의 길이로 일정하고 얇게 채썰고 마늘과 파슬리는 다져서 준비한다.

❷ 중불에서 버터를 녹여 양파부터 볶고, 마늘을 넣어 갈색이 나도록 볶은 후 포트 와인을 넣어 졸인다. (볶을 때 소스팬의 벽을 이용 육수를 조금씩 부어주면 갈색의 색을 내는 데 도움이 된다.)

❸ 볶은 양파에 브라운 스톡을 붓고 월계수잎을 넣은 다음 강불에서 끓이다가 온도를 낮춰 은근히 끓여준다. 끓이면서 거품은 제거해 준다.

❹ 바게트빵에 그뤼에르 치즈를 올려 색을 내어 준비한다.

❺ 수프에 소금, 후춧 간을 하고 끓여 그릇에 담고, 치즈 크루통을 곁들여준다.

Garlic Cream Soup
마늘 크림 수프

재료 목록

Garlic	100g
Onion	30g
Potato	100g
White wine	30ml
Chicken stock	500ml
Fresh cream	50ml
Bay leaf	0.5leaf
Butter	50g
Salt & Pepper	10g
French bread	30g
Garlic mousse	10g
Fresh cream	10ml

Apple salsa

Apple brunoise	70g
Olive oil	10ml
Apple juice	10ml
Lemon juice	10ml

만드는 방법 recipe

❶ 마늘을 우유에 살짝 삶아 마늘의 이취를 없앤다.
❷ 양파, 감자를 썰어 버터에 볶다가 마늘을 넣어 볶은 후, 와인과 육수, 월계수잎을 넣고 끓인다.
❸ 충분히 익으면 월계수잎을 제거한 후 곱게 갈아서 체에 내린다.
❹ 마늘은 삶아 크림을 넣고 마늘무스를 만들어 빵에 바른다.
마늘을 튀겨 빵에 꽂아 곁들인다.
❺ 사과를 브뤼누아즈(brunoise) 크기로 썰고 올리브 오일, 애플주스, 레몬주스를 이용하여 애플 살사를 만든다.
❻ 크림을 넣어 마무리하고 애플 살사와 마늘빵을 곁들여 마무리한다.

Willed Mushroom Soup

버섯 크림 수프

재료 목록

Onion	100g	Garlic	1ea
Dry shiitake	100g	Olive oil	10ml
Button mushroom	80g	Fresh cream	30ml
Shiitake stock	250ml	Truffle oil	5ml
White leek	60g	Bay leaf	1leaf
Parsley	1g		

만드는 방법 recipe

❶ 마늘, 대파, 양파, 표고버섯, 양송이를 슬라이스한다.
파슬리는 곱게 다져 물기를 제거한다.

❷ 마른 표고버섯을 이용하여 버섯 육수를 준비한다.

❸ 팬에 올리브 오일, 마늘, 양파, 대파, 표고, 양송이를 넣어 볶아주고 표고버섯 육수를 부어 끓여준다.

❹ 크림을 거품기로 쳐서 올려주고 그 안에 트러플 오일을 2방울 넣어 트러플향을 첨가한다.

❺ 수프볼에 수프를 담고 트러플 크림을 올리고 샐러맨더에서 갈색을 내어 파슬리를 뿌려 마무리한다.

King Crab and Sweet Corn Chowder

게살과 옥수수 차우더

재료 목록

Crab meat	80g	Butter	10g
Bacon	10g	Crab stock	300ml
Sweet corn	100g	White wine	20ml
Onion	30g	Roux	10g
Potato	60g	Salt & Pepper	2g
Shallot	10g	Cream	20ml

만드는 방법 recipe

❶ 양파, 감자, 베이컨을 0.3cm의 다이스로 썬다. 감자는 물에 담가 갈변을 방지한다.
❷ 게를 이용해서 게 육수를 준비한다.
❸ 밀가루와 버터로 루(Roux)를 만든다.
❹ 빨간 부분의 게살을 찢어 다진 파슬리와 샬롯을 썰어 버무려서 가니쉬로 준비한다.
❺ 소스팬에 버터를 넣고 양파, 베이컨을 넣어 볶은 다음 루(Roux)를 넣고 게 육수에 옥수수와 게살을 함께 넣고 서서히 끓여준다.
❻ 수프가 끓으면 감자가 익을 정도의 시간에 맞추어 감자를 넣고 끓인 후 크림을 넣어 마무리하며 게살을 같이 곁들여준다.

Chowder(차우더)
덩어리란 뜻을 가지며 국물이 적고 건더기가 많으며 조개, 생선, 감자, 채소를 이용하여 만든 크림 형태의 수프이다. 국물과 건더기의 양이 50 : 50으로 우유와 크림을 혼합하는 것이 일반적이며 농도를 위해 루(Roux)를 사용한다.

Salad

샐러드 Salad

샐러드의 어원은 라틴어의 'Herba Salate'로 소금을 뿌린 향초(Herb)라는 뜻이다. 과거에는 신선한 채소 또는 허브에 소금으로 간을 맞춰 먹었던 것이 점차 발전하여 지금은 신선한 채소, 허브, 열매, 베이비 채소에 각종 드레싱을 곁들여 먹는 요리로 샐러드에 육류나 가금류도 같이 먹음으로써 건강의 균형유지에 큰 역할을 한다.
샐러드는 바탕(Base), 본체(Body), 드레싱(Dressing), 가니쉬(Garnish)로 구성되어 있어 채소의 색상 혼합이 잘되어야 하고 식재료들이 신선해야 하며 맛의 균형이 맞아야 한다.
샐러드는 순수 샐러드(Simple Salad)와 혼합 샐러드(Compound Salad)로 분류할 수 있다.

샐러드의 종류

① **순수 샐러드(Simple Salad)** : 순수 샐러드는 한 가지 채소만으로 만들어진 것을 말하며 채소를 한입 크기로 잘라 드레싱을 곁들여 먹는 샐러드이다. 주로 로메인(Romaine), 치커리(Chicory), 상추(Lettuce) 등의 채소를 이용한다.

② **혼합 샐러드(Compound Salad)** : 혼합 샐러드란 여러 가지 과일, 채소, 육류, 가금류 등을 혼합하여 드레싱을 곁들여서 먹는 샐러드를 말한다. Fruit Salad, Seafood Salad, Meat Salad, Poultry Salad 등이 있다.

드레싱의 종류

① **마요네즈(Mayonnaise)** : 마요네즈 소스(Mayonnaise Sauce), 사우전드 아일랜드 소스(Thousand Island Sauce), 타르타르 소스(Tartar Sauce), 시저 드레싱(Caesar Dressing)

② **식초(Vinegar)** : 이탈리안 드레싱(Italian Dressing), 프렌치 드레싱(French Dressing), 발사믹 소스(Balsamic Sauce), 블루치즈 드레싱(Blue Cheese Dressing)

③ **특별 드레싱(Special Dressing)** : 오리엔탈 드래싱(Oriental Dressing)

샐러드의 구성

① **베이스** : 일반적으로 양상추, 로메인레터스와 같은 채소로 구성된다. 목적은 그릇을 채워주는 역할과 사용된 여러 재료와의 색의 대비를 이루는 것이다.

② **드레싱** : 일반적으로 모든 종류의 샐러드와 함께 제공한다. 드레싱은 맛을 증가시키고 샐러드의 가치를 돋보이게 하며 소화를 도와줄 뿐만 아니라 때로는 곁들임의 역할도 한다.

③ **가니쉬** : 곁들임의 목적은 완성된 제품을 아름답게 보이기도 하지만 맛을 증가시키는 역할을 한다. 곁들임은 기본 샐러드 재료의 일부분일 수도 있고, 다른 어울림의 재료일 수도 있다. 곁들임은 단순하면서 깔끔한 것이 좋으며, 식욕을 자극하는 데 도움을 주어야 한다.

샐러드 양념

① **소금** : 채소에 쓰이는 기본적인 양념의 하나로, 채소 요리에는 적당히 사용해야 한다. 바다소금과 정제소금은 최상의 소금이며 자연적으로 가공된 것이다. 소금은 굵거나 가늘게 나오며, 소금 분쇄기에 의해서 필요에 따라 굵은소금을 가늘게 볶거나 으깨어 사용할 수 있다.

② **후추** : 샐러드의 향을 살리며 강한 맛을 얻기 위해서는 으깨어 사용해야 하며, 간 후추는 후추의 독특한 향을 잃어버릴 수 있다. 어린 통후추(Green peppercorn)는 초록색으로 식초에 절임 보관하며, 붉은 통후추(Pink peppercorn)는 식초 절임 혹은 햇볕에 말려서 보관하는데 익으면 검은 통후추(Black peppercorn)가 되면서 강한 맛을 내게 된다. 그리고 흰 통후추(White peppercorn)는 검은 통후추의 외피를 제거한 것이기 때문에 향이 부드러우며, 조리하는 재료가 흰색을 유지할 때만 사용한다.

③ **견과류** : 영양이 풍부하고 향기가 좋으며 샐러드에 잘 어울린다. 샐러드에 사용할 때 어울리는 견과로는 호두, 잣, 아몬드, 피스타치오, 땅콩, 헤이즐넛, 피칸 등이며 날것으로 사용하거나 로스트한 너트(Nut)를 사용하기도 한다.

④ **꿀** : 꿀은 훌륭한 샐러드 드레싱이다. 가장 미묘한 드레싱에 잘 어울리는데 용해성이 높아서 적당히 사용하면 샐러드의 맛을 낼 수 있다.

⑤ **겨자** : 샐러드 드레싱에 식초와 같이 널리 사용되며 식초 대신에 사용되기도 한다. 드레싱용으로 최상의 겨자는 프랑스산 디종 머스터드(Dijon mustard)이다. 이 겨자는 맵고 시큼한 맛과 부드러운 맛이 나며 설탕이 첨가되지 않은 자연적인 단맛이 풍부하다.

⑥ **올리브** : 올리브는 시큼하고 짭짤한 맛 때문에 샐러드에 많이 사용되는 첨가물 중 하나이다. 큰 것과 작은 것 그리고 검은색, 초록색, 붉은색 등 그 종류가 매우 다양하다.

⑦ **과일** : 모든 과일은 샐러드 재료와 디저트로 사용될 수 있으며, 과일은 샐러드에 향과 색을 낼 수 있다. 신선한 계절과일을 사용하고 캔이나 냉동식품은 될 수 있으면 사용하지 않는 것이 좋다.

Couscous Salad with Lemon Dressing

레몬 드레싱을 곁들인 쿠스쿠스 샐러드

목록

Couscous	100g	Almond slice	10g
Cucumber	30g	Lemon	2ea
Tomato	30g	Olive oil	100ml
Green pimento	20g	Olive black	40g
Red pimento	20g	Raisin	20g
Red onion	20g	Chicken stock	100ml
Mozzarella cheese	30g	Salt	1g
Chicory	3g	Pepper	1g
Italian parsley	3g		

만드는 방법 recipe

❶ 쿠스쿠스에 올리브 오일과 끓는 닭육수를 붓고 200℃ 오븐에서 뚜껑을 덮어 5~6분 정도 익힌다. (오븐에서 꺼내어 엉기지 않게 비벼서 풀어준다.)

❷ 오이, 토마토, 피망, 치즈를 다이스로 썰어 준비한다.

❸ 올리브는 1/2로 잘라준다.

❹ 올리브 오일과 레몬을 이용하여 드레싱(Lemon dressing)을 만든다,

❺ 믹싱볼에 썰어놓은 채소와 레몬 드레싱을 넣어 섞는다.

❻ 접시에 쿠스쿠스 샐러드를 담고 치커리와 아몬드를 곁들여 마무리한다.

쿠스쿠스(Couscous)

쿠스쿠스는 북아프리카 모로코의 전통음식이며, 중동지역에서 주로 많이 먹는 음식이다.
쿠스쿠스는 듀럼과 같은 단단한 밀을 으깬 '세몰리나'에 고운 밀가루를 입힌 재료로 이탈리아 파스타 중 돌돌 말린 밀씨앗 모양의 파스타 중에서 가장 작은 파스타이기도 하다.
일반적으로 샐러드에 많이 사용된다.

Crab Salad 'Gazpacho'
크랩 샐러드 '가스파초'

목록

Crab meat	80g
Red onion chop	10g
Cucumber dice	10g
Lemon juice	3g
Red chilli chop	3g
Balsamic	20ml
Watercress	5g
Sour cream	10g
Tarragon chop	1g
Dijon mustard	3g
Salt	1g
Pepper	1g

Gazpacho dressing

Garlic	3g
Celery	15g
Cucumber	30g
Tomato	80g
Tomato juice	40ml
Olive oil	30ml
Onion	15g
Red wine vinegar	5ml
Lemon	1/8ea
Salt	1g
Pepper	1g

Crab salad recipe

❶ 삶은 게다리살을 곱게 찢어놓는다.
❷ 적양파, 오이, 빨간 고추를 작은 주사위 모양으로 썬다.
❸ 준비된 크랩 살과 채소를 디종겨자, 레몬주스, 사워크림과 함께 섞어 샐러드를 만든다.
❹ 접시에 몰드를 이용하여 샐러드를 놓고 샐러드가 잠기도록 가스파초 드레싱을 충분히 부어주고 크랩 위에 물냉이와 준비된 샐러드 채소를 올려준다.
❺ 드레싱에 발사믹 졸인 것을 뿌려 샐러드를 마무리한다.

Gazpacho dressing recipe

❶ 토마토는 끓는 물에 데쳐 껍질을 제거한다.
❷ 토마토와 함께 오이, 토마토, 셀러리, 양파, 모든 채소를 썰어 준비한다.
❸ 모든 재료를 믹서기에 넣고 곱게 갈아준다.
❹ 적포도주 식초와 소금, 후추를 넣어 드레싱을 마무리한다.
❺ 발사믹 식초는 1/2로 줄여서 준비한다.

Greek (Feta Cheese) Salad

페타 치즈 샐러드

목록

Feta cheese	60g
Tomato	100g
Watercress	15g
Mustard green	15g
Red onion	15g
Cucumber	50g
Coriander	1g
Olive black	30g
Oregano	1g
Mint	1g

Oil vinegar dressing

Lemon	1ea
Olive oil	100ml
Vinegar	30ml
Salt	1g
Pepper	1g

만드는 방법 recipe

❶ 페타 치즈는 주사위 모양으로 자른다.
❷ 토마토는 씨를 제거하고 1/8 크기의 웨지로 썬다.
❸ 오이는 껍질을 제거하고 두툼한 링으로 썰고 올리브는 1/2로 자른다.
❹ 레몬은 껍질을 깨끗하게 씻어 껍질의 노란 부분만 제스트(zest)로 얇게 썬다.
❺ 레몬주스와 식초를 첨가하여 오일 레몬드레싱을 만들어 오레가노와 민트 다진 것을 넣고 소금, 후추하여 섞어준다.
❻ 샐러드 그릇에 채소를 깔고 드레싱에 모든 재료를 섞어 담아주고 마무리한다.

페타 치즈(Feta cheese)
페타 치즈는 레닌이라는 효소를 넣어 응고시킨 반경질치즈로 그리스의 목동들이 남은 우유를 저장하기 위해 만든 치즈이다. 밝은 하얀색으로 부서지기 쉽고 치즈의 간이 강한 것이 특징이다.

Poached Egg Salad with Oil Vinaigrette
포치드에그 샐러드

재료 목록

Egg	1ea
Chopped onion	40g
Green salad	20g
Bacon	40g
Olive green	10g
Olive black	10g
Cherry tomato	20g
French crouton	10g
Olive	10g

Oil vinaigrette dressing

Olive oil	20ml
Vinegar	8ml
Dijon mustard	2g
Green pimento	5g
Red pimento	5g
Caper	2g

Poached egg

Water	1L
Vinegar	50ml
Salt	30g
Water	90℃

만드는 방법 recipe

❶ 양파는 다지고 베이컨은 슬라이스하여 오븐에서 구워준다.
❷ 방울토마토와 올리브는 반쪽으로 자른다.
❸ 올리브 오일과 식초에 겨자와 피망을 넣어 오일비니거 드레싱을 만든다.
❹ 프렌치빵을 접시의 가로 길이 정도로 잘라 매콤한 파프리카 파우더 멜바를 만든다.
❺ 끓는 물에 식초, 소금을 넣고 90℃의 물에서 수란을 만든다.
❻ 볼 형태의 접시에 푸른 잎채소를 담고 길고 매콤한 멜바를 채소 위에 올리고 수란을 올린 뒤 곁들임재료들을 놓고, 수란을 중심으로 드레싱을 뿌려 마무리한다.

Nicoise Salad
니수아즈 샐러드

재료 목록

Seared tuna	80g
Olive kalamata	10g
Green beans	30g
Onion	30g
Cherry tomato	30g
Egg	1ea
Lettuce romaine	50g
Potato	100g
Spring onion	5g
Salt & Pepper	5g
Anchovy	10g

Lemon dressing

Olive oil	30ml
Dijon mustard	3g
Caper	5g
Shallot	10g
Salt & Pepper	5g

만드는 방법 recipe

❶ 참치에 으깬 후추를 살짝 묻혀 양념하여 팬에서 구워놓는다.
❷ 빈스를 데치고, 감자와 달걀을 삶아 껍질을 벗긴다.
❸ 참치는 0.5cm 두께로 썰고, 달걀은 웨지로 자르고, 감자는 링으로 자른다.
❹ 로메인을 한입 크기로 썰어서 올려놓는다.
❺ 피망과 양파와 감자를 올려준 뒤 그린빈스, 방울토마토, 달걀, 올리브를 올려준다.
❻ 준비된 참치를 올린 뒤 앤초비를 올려준다.
❼ 레몬 드레싱을 뿌려주고 차이브 촙으로 가니쉬를 한다.

Nicoise(니수아즈)
프랑스 니스지역에서 만들어진 조리방식으로 초록색 제비콩에 1/4로 썬 토마토와 얇게 썬 구운 감자, 염장한 앤초비살, 삶은 달걀, 참치, 검은 올리브, 올리브, 케이퍼 등으로 장식하고 드레싱을 곁들여 만드는 샐러드이다.

Grilled Goat Cheese Salad
염소 치즈 샐러드

재료 목록

Goat cheese	80g
Flour	10g
Egg	1ea
Bread crumb	30g
French bread	1pc
Tomato	60g
Pine nut	5g
Endive slice	5g
Watercress	5g
Radicchio	5g
Lettuce	20g

Lemon dressing

Lemon juice	1/2ea
Olive oil	30ml
Dijon mustard	3g
Salt & Pepper	3g
Shallot	5g
Chive	1g

Onion marmalade(10 por)

Red wine vinegar	170ml
Brown sugar	200g
Onion slice	400g
Salt & Pepper	2g
Bay leaf	1leaf

만드는 방법 recipe

❶ 염소 치즈에 밀가루, 달걀, 빵가루를 입혀 팬에 기름을 두르고 노릇하게 굽는다.
❷ 올리브 오일, 레몬즙, 다진 샬롯, 겨자, 소금, 후추를 섞어 레몬 드레싱을 만든다.
❸ 양파 슬라이스, 흑설탕, 레드와인 식초를 넣고 은은한 불에서 서서히 양파잼을 만든다.
❹ 프렌치빵으로 아삭한 크루통을 만들고 잣을 고소하게 팬에서 굽는다.
❺ 접시에 샐러드 채소를 놓고 크루통에 양파잼을 곁들여 구운 염소 치즈와 토마토를 조화롭게 놓는다.
❻ 레몬 드레싱과 고소한 잣을 올려 마무리한다.

Goat cheese(고트 치즈)
고트 치즈는 지방함유량이 35%인 연성치즈로 염소의 젖을 이용하여 만든다.
염소유로는 신선치즈, 흰 곰팡이 연질치즈, 껍질을 닦은 연질치즈, 비가열 및 가열 압착치즈 등의 다양한 치즈를 만든다.
염소 치즈는 쏘는 강한 향과 동시에 미묘하고 부드러운 맛을 즐길 수 있는 치즈다.
한편 숙성시키지 않은 염소 치즈는 염소 특유의 신선한 맛을 즐길 수 있다.

Bellpepper and Prawn Salad
파프리카 새우 샐러드

재료 목록

Prawn(21-25)	120g	Red onion	10g
Beet	40g	Extra Virgin olive oil	20ml
Yellow bellpepper	50g	Balsamic vinegar	10ml
Garlic	20g	Peperoncino	0.3g
Tomato	60g	Lemon	20g
Red chili	5g	Thyme	1g
Green chili	5g	Mixed baby vegetable	15g

만드는 방법 recipe

❶ 새우를 올리브 오일, 마늘, 페페론치노, 월계수잎, 타임을 넣고 마리네이드한다.
❷ 레몬 껍질을 얇게 썰어 소금에 살짝 절인다.
❸ 비트를 삶아 식혀 껍질을 벗긴 후 중간 링 몰드로 3개 찍어 엑스트라버진올리브 오일, 소금, 발사믹 식초로 양념한다.
❹ 노란 파프리카는 구워서 껍질을 벗기고 2번의 비트 모양보다 작은 몰드로 3개를 찍어 올리브 오일, 소금, 발사믹 식초로 양념한다.
❺ 토마토는 슬라이스하여 5mm 정도의 두께로 드라이시킨다.
❻ 마리네이드한 새우를 오븐에서 5분 정도 익힌다.
❼ 그릴에 토마토, 홍고추, 청고추, 적양파, 마늘을 구운 다음 함께 곱게 갈아 거른 뒤 소스를 만든다
❽ 믹스 베이비 채소를 올리브 오일, 소금, 후추, 레몬 껍질에 섞어 접시에 깔고 새우와 비트, 노란 피망, 토마토를 사이사이에 놓고 소스를 곁들인다.

Caesar Salad
시저샐러드

재료 목록

Romaine lettuce	100g
Bacon	10g
Olive green	10g
Olive black	10g
Parsley	3g
Baguette crouton	50g
Parmesan cheese	20g

Caesar dressing

Olive oil	50ml
Egg yolk	1ea
Dijon mustard	8g
Garlic	5g
Bacon	20g
Parmesan cheese	15g
Anchovy	5g
Red wine vinegar	5ml
Worcestershire sauce	3ml
Lemon juice	3ml
Milk	100ml

만드는 방법 recipe

❶ 로메인상추를 물에 담갔다가 아삭해지면 수분을 제거하여 준비한다.
❷ 베이컨을 바삭하게 구워 잘게 썰어준다.
❸ 바게트빵을 길게 썰어 버터를 발라 갈색이 나도록 굽는다.
❹ 시저드레싱을 준비한다.
❺ 나무 볼을 이용하여 로메인상추를 시저드레싱에 살짝 버무려 접시에 담고 준비된 베이컨, 크루통, 파마산 치즈를 곁들여 마무리한다.

시저샐러드의 유래
로마시대의 시저 황제(카이사르 장군)가 좋아하고 즐겨 먹던 샐러드라 해서 붙여진 이름으로 많은 미식가들이 즐겨 찾는 샐러드 중 하나이다. 특히 시저드레싱은 재료에서 우러나오는 특유의 향을 가지고 있다.

Mushroom Salad
버섯샐러드

재료 목록

Newagalic mushroom	80g
Cepe	80g
Agarlic	80g
Garlic	20g
Button mushroom	80g
Lettuce	60g
Rocket salad	100g
Watercress	30g
Rose leaf	30g
Chicory	30g
Radicchio	30g
Cherry tomato	30g
Parmesan cheese flake	80g

Balsamic reduce	5ml
Balsamic dressing	10por
Balsamic vinegar	1000ml
Olive oil	40ml
Dijon mustard	60g
Onion chop	50g
Sundry tomato	50g
Salt & Pepper	2g

만드는 방법 recipe

❶ 각종 버섯을 커다란 주사위 크기로 썬다.
❷ 마늘을 통째로 올리브 오일에 묻혀 오븐에 굽는다.
❸ 발사믹 식초와 겨자, 양파, 선드라이 토마토, 올리브 오일로 발사믹 드레싱을 만든다.
❹ 통후추를 굵직하게 밀어 갈아준다.
❺ 뜨거운 팬에 버터를 넣고 여러 가지 버섯과 소금, 후추를 넣고 볶는다.
❻ 아루굴라 샐러드를 접시에 담고 그 주위에 모양 있게 버섯 볶은 것과 구운 마늘, 방울토마토 그리고 파마산 치즈를 갈아서 플레이크(flake)하여 올려주고, 발사믹 드레싱과 발사믹 졸인 것으로 마무리한다.

Fish and Seafood

생선과 해산물 Fish and Seafood

생선은 육류에 비해 육질이 매우 연하고 열량이 적어 소화가 잘된다. 또한 필수지방산을 많이 함유하고 있어 영양적으로 매우 우수한 식재료 중 하나이다. 특히 종교적인 이유로 육류를 금지하는 종교에서는 메인요리로 생선을 즐기기도 한다.

생선의 살에는 흰살 생선과 붉은살 생선이 있는데, 흰살 생선은 붉은살 생선보다 단백질이 많기 때문에 질기고 씹히는 맛이 있어서 생식으로 먹을 때 가늘고 얇게 썬다. 그리고 참치와 같이 사후경직 후에 먹는 회는 부드럽기 때문에 냉동상태에서 두껍게 썰어 먹는 것이 좋다.

생선의 신선도 판단기준

① 눈

오래된 생선일수록 각막은 눈 속으로 내려앉고 눈이 흐려진다. 반대로 신선한 생선일수록 생선의 눈은 신선하다.

② 아가미

신선한 생선의 아가미는 선홍빛이고 모양을 그대로 유지하고 있으나 신선도가 떨어지면 회색에 가까운 색이 되고 불쾌한 냄새가 난다.

③ 탄력성

오래된 생선을 손으로 누르면 신선한 생선에 비해서 탄력이 없다.

④ 냄 새

어패류의 부패는 다른 육류에 비해 빨리 일어나면서 불쾌한 냄새가 나고 부패가 심하면 심한 악취와 함께 암모니아 냄새가 난다.

⑤ 근 육

신선한 생선의 근육은 탄력이 있고 뼈와 근육이 잘 붙어 있지만 오래된 생선은 뼈와 근육이 쉽게 분리된다.

Deep Fried Lobster with Italian Dressing
이탈리안 드레싱에 바닷가재 튀김

재료 목록

Lobster	1ea
Leek	70g
Corn starch	50g
Olive oil	100ml
Chervil	5g
Apple mint	2g
Italian dressing	40ml

Italian dressing

Olive oil	30ml
Vinegar	10ml
Green pimento	5g
Red pimento	5g
Green olive	10g
Black olive	10g
Lemon juice	1/2ea
Red wine vinegar	5g

만드는 방법 recipe

❶ 바닷가재는 꼬리부분으로 준비해 껍질과 살을 분리하여 살만 발라낸다.
❷ 튀길 때 구부러지지 않도록 안쪽에 칼집을 몇 군데 넣는다.
❸ 올리브 오일과 식초를 기본으로 올리브, 피망, 레몬주스, 레드와인 식초를 넣고 섞어서 드레싱을 준비한다.
❹ 굵은 파는 끓는 물에 부드럽게 데쳐서 5cm 정도 길이로 잘라 펼친 후 안쪽에 미끈거리는 점액질을 칼끝으로 훑어낸다.
❺ 파를 널찍하게 펴고 그 위에 바닷가재 살을 잘라서 올린 다음 소금, 후추로 간해서 돌돌 만다.
❻ 5의 파 겉면에 옥수수전분을 가볍게 묻혀 중간온도의 튀김기름에 넣고 가재살이 익을 정도로만 튀겨 기름기를 뺀다.
❼ 바닷가재 튀김을 접시에 담고 곁들임을 같이하고 이탈리안 드레싱을 뿌려서 완성한다.

※ 높은 온도에서 튀기면 파가 타므로 중간온도에서 튀긴다.

Sauted fillet of Sea Bass with Orange Sauce

토마토 퐁뒤를 곁들인 농어구이에 오렌지소스

재료 목록

Sea bass fillet	180g
Eggplant	80g
Potato	80g
Tomato	100ml
Orange sauce	30ml
Leek	15g
Basil	5g

tomato fondue

Tomato	80g
Onion	20g
Garlic	15g
Basil	2g
Thyme	2g
Olive oil	60ml

Orange sauce

Orange juice	150ml
Onion	15g
Olive oil	150ml
Butter	50g
Salt	1g
Pepper	1g

만드는 방법 recipe

❶ 농어를 스테이크용으로 준비하여 레몬과 화이트와인, 올리브 오일에 30분 정도 절여놓는다.
❷ 감자는 삶아 으깨어 부드럽게 만든다.
❸ 가지는 통째로 250℃ 오븐에 약 20분 정도로 껍질이 시커멓게 되도록 구워서 껍질을 벗긴다. 가지 속살을 다져서 양파 다진 것, 마늘 다진 것, 타임, 소금, 후추를 넣고 볶아준다.
❹ 농어는 그릴이나 팬에서 갈색이 나도록 구워서 준비한다.
❺ 파는 가늘게 채썰어 튀기고, 바질도 기름에 바삭하게 튀겨서 준비한다
❻ 접시에 감자무스와 가지 볶은 것을 놓고 생선을 올린 후 토마토 퐁뒤와 소스를 같이 놓고 튀긴 파와 바질을 곁들인다.

토마토 퐁뒤

1. 토마토는 끓는 물에 살짝 데쳐 껍질을 벗기고 Concasser로 준비한다.
2. 양파, 마늘, 바질, 타임은 모두 다진다.
3. 팬에 올리브 오일을 두르고 다진 양파와 마늘을 넣고 볶은 후 토마토와 향신료를 넣고 은근히 졸인다.

오렌지소스

1. 오렌지주스에 다진 양파를 넣고 1/3로 졸면 체에 걸러 올리브 오일을 조금씩 부어가며 고루 섞는다. 버터를 넣어 농도를 조절하고 맛을 부드럽게 한다.

Abalone Steak with Teriyaki Sauce

데리야키 소스에 전복스테이크

재료 목록

Abalone	130gr
Leek	10g
Carrot	30g
Potato	30g
Green sqaush	30g
Eggplant	30g
Fresh cream	80ml
Flour	20g
Garlic	20g
Olive oil	10ml
Chervil	5g
Newagalic mushroom	40g
Salt	1g
Pepper	1g

Teriyaki sauce

Soy sauce	90ml
Rice wine	30ml
Onion	20g
Garlic	10g
Ginger	5g
Sugar	30g
Leek	15g

만드는 방법 recipe

❶ 생전복은 솔로 문질러 손질한다.
❷ 끓는 물에 셀러리, 대파, 마늘, 소금을 약간 넣고 생전복을 약 5분 정도 삶는다.
❸ 삶은 전복에 생크림, 다진 마늘과 소금, 후춧가루를 넣고 20분 정도 재워둔다.
❹ 간장, 정종 양파, 마늘, 생강, 설탕, 대파를 넣고 천천히 끓여 데리야키 소스를 준비한다.
❺ 채소들은 브뤼누아즈(Brunoise) 모양으로 준비해서 버터를 두른 팬에 볶아둔다.
❻ 전복은 생크림을 닦아내고 밀가루를 묻혀 올리브 오일 두른 팬에 앞뒤로 색이 나 게 잘 익힌다.
❼ 전복 껍질을 그릇 삼아 접시에 놓고 전복스테이크를 담은 뒤 준비된 채소를 같이 곁들여서 데리야키 소스로 마무리한다.

전복(Abalone)
해양 복족류 연체동물로 독특한 평면 나선형 껍질에 넓고 비스듬한 각구가 있어 귀처럼 생겼고, 껍질에 구멍이 나선형을 이루며 연속적으로 뚫려 있다. 껍질 안쪽은 진주빛 광택이 나고 가끔 무지개 빛깔의 녹색과 푸른색을 띠기도 한다. 전복은 커다란 점착성 발로 바위에 붙어 살며 세계 각지의 바위가 많은 얕은 바다에 서식한다. 숙신산과 류신, 아르기닌, 글루탐산 등으로 콜라겐 등의 경단백질이 많아서 살이 단단하며 단백질의 영양가는 낮으나 식감이나 풍미를 즐기는 식재료이다.

Boiled Cod and Green Puree Scallop with Green Tea Foam

녹차를 곁들인 삶은 대구와 그린콩 퓌레를 곁들인 관자

재료 목록

Cod fish fillet	130g
Scallop	60g
Black olive	20g
Green tea powder	15g
Green peas	50g
Sweet pumpkin	50g
White wine	100ml
White vegetable stock	300ml
Fresh cream	200ml
Baby vegetable	60g
Salt	1g
Pepper	1g

만드는 방법 recipe

❶ 대구살을 준비하여 향신료를 넣은 채소스톡에 중간 정도 익힌다.
❷ 검정 올리브를 곱게 다져서 오븐에 구워 포칭한 대구스테이크 위에 골고루 올려준다.
❸ 콩은 삶아서 곱게 갈아 생크림을 같이하여 콩퓌레를 만든다.
❹ 화이트와인에 녹차가루를 넣어 우려낸 후 생크림을 넣고 졸여준다.
❺ 단호박은 삶아서 호박퓌레를 만든다.
❻ 관자를 양념하여 살짝 구운 후 콩퓌레를 발라준다.
❼ 접시에 대구스테이크와 관자를 놓고 곁들인 채소를 같이하여 녹차크림 폼을 만들어 생선에 충분히 올려 마무리한다.

퓌레(Puree)
육류나 채소 등을 삶거나 데쳐서 으깬 뒤 체로 거른 것을 말하며 맛을 내거나 모양을 꾸미기 위해 이용한다.

Pan Seared Salmon with Pommery Cream Mustard Sauce

팬에 구운 연어스테이크와 씨겨자소스

재료 목록

Salmon with skin fillet	160g	Cream fresh	120ml
Olive oil	100ml	Shallot	40g
Potato	200g	Onion	40g
Bok choy	80g	Tomato	100g
Broccoli	80g	Salt	1g
Pommery mustard	100g	Pepper	1g
Almond	10g		

만드는 방법 recipe

❶ 연어를 껍질 쪽으로 칼집을 넣어 스테이크로 준비한다.
❷ 올리브 오일에 껍질을 먼저 굽고 어우러진 올리브와 연어기름을 뿌려가며 연어 스테이크를 익힌다.
❸ 감자는 1/4 자르기하여 허브 물(thyme, bay leaf, pepper)에 삶아서 굵게 으깨어 실파와 샬롯 다진 것과 타임, 소금, 후추로 양념한다.
❹ 청경채를 데쳐 볶아주고 브로콜리는 아몬드 버터 오븐구이를 한다,
❺ 양파와 마늘을 소테하여 크림과 포메리 겨자(pommery mustard)를 이용 포메리크림 소스를 만든다.
❻ 구운 연어를 중심으로 감자요리와 채소가 잘 어우러지도록 접시 담기를 하고 소스를 곁들여 마무리한다.

포메리겨자(Pommery mustard)

16세기부터 프랑스 모(Meaux) 지방의 수도원에서 만들어져 '수도승의 겨자'로 불리며 당시 프랑스 왕들의 식사에 빠지지 않고 올라갔던 겨자로 1760년, 모 지방의 주교가 '포메리' 가문에게 그들의 비밀 레시피를 전수해 주면서 포메리 머스터드가 탄생하여 지금까지 명성을 이어오고 있다. 포메리 겨자는 검은 겨자씨를 버주스(덜 익은 과일에서 짠 신 즙)와 섞어 으깬 후 겨자 껍질을 조금 더 섞어 만들어지며 일반 홀그레인 겨자보다 새콤한 맛이 강하고 겨자씨와 껍질이 톡톡 씹히는 것이 특징이다.

Sole Meuniere
솔 뫼니에르

재료 목록

Sole whole	200g	Potato	200g
Flour	100g	Tomato	80g
Butter	100g	Parsley	5g
Oil	80ml	Salt	1g
Lemon	3ea	Pepper	1g

만드는 방법 recipe

❶ 박대는 통째로 지느러미를 제거하고 껍질과 비닐을 손질한 뒤 내장을 제거한다. 키친타월을 이용하여 물기를 제거하고 소금, 후추 양념을 한다.
❷ 파슬리와 레몬 껍질을 깨끗이 씻어 곱게 다진다.
❸ 준비된 생선에 밀가루를 묻혀 팬에 버터와 식용유를 넣고 뜨겁게 하여 생선의 흰부분을 먼저 팬에 굽고 불을 낮추어 반대편을 굽는다.
❹ 삶은 감자(boiled potato)요리를 준비하여 곁들인다.
❺ 생선 구운 팬에 레몬주스를 넣어 소스를 만들고 곁들일 감자요리와 함께 파슬리와 다진 레몬을 소스와 생선에 뿌려 마무리한다.

Sole meuniere
솔 뫼니에르는 프랑스어로 '밀러씨의 부인'이란 뜻으로 간을 한 생선에 밀가루를 묻혀 버터에 굽는 생선 요리이다.

Baked Seabream with Tomato Sauce
오븐 도미찜

재료 목록

Sea bream	300g	Basil	4 leaf
Olive oil	100ml	Dill	4 leaf
Potato ring slice	200g	White wine	150ml
Tomato slice	1ea	Parsley	10g
Mushroom slice	60g	Butter	10g
Tomato sauce	200ml	Olive	10g

만드는 방법 recipe

❶ 감자와 토마토, 양송이는 슬라이스로 썰어서 준비한다.
❷ 토마토 소스를 준비한다.
❸ 쿠킹 호일 또는 유선지를 이용하여 버터를 바르고 감자 썬 것, 토마토 썬 것을 놓은 뒤 생선을 놓고 바질잎과 파슬리 송이를 올리고 올리브 오일, 백포도주, 토마토 소스를 뿌리고 쿠킹 호일을 틈이 생기지 않도록 밀폐시켜 오븐에서 굽는다. (15~20분)
❹ 오븐에서 나온 생선찜의 유선지를 모양 있게 벌려서 딜과 바질잎, 이탈리아 파슬리로 장식하여 접시에 생선 있는 유선지째로 놓는다.

※ 이탈리아 남부지방의 대표적인 요리로 호일에 생선이나 해산물을 싸서 오븐에서 구워 익힌 찜요리이다.

Papillote(파피요트)
프랑스어로 crown roast 같은 갈비요리를 장식하는 기름종이에 싸서 구운 요리이며, 오븐을 이용하는 요리로 구워지면 열을 발산하여 기름종이가 부풀어 올라 돔 모양이 되며 접시에 그대로 올려 종이를 열어서 벗기고 먹는다.

생선튀김

Fish'n Chip
생선튀김

재료 목록

Sea bass(Stick style)	140g
Egg	2ea
Flour	120g
Parsley	5g
Salt & Pepper	3g
French potato	200g
Vinegar	60ml
Tartar sauce	80g
Lemon wedge	0.5ea

Red cabbage pickle

Red cabbage (3mm slice)	1000g
Onion slice	100g
Red wine	150ml
Vinegar	80ml
Sugar	100g

만드는 방법 recipe

❶ 농어살을 먹기 좋게 썰어서 소금, 후추, 레몬즙으로 기본 양념한다.
❷ 달걀 흰자와 노른자를 분리한다.
달걀 흰자를 거품기를 이용하여 머랭 스타일로 쳐서 올린다.
노른자는 밀가루를 이용하여 반죽을 만든다.
❸ 흰자 친 것과 노른자 반죽에 파슬리를 넣어 설렁설렁 부드럽게 섞어준다.
❹ 프렌치 감자를 튀겨 접시에 깔고 준비된 반죽에 생선 옷을 입혀 튀겨준다.
❺ 준비된 반죽에 스펀지 반죽이 되도록 감자 위에 가지런히 돌려놓고, 파슬리와 레몬으로 가니쉬한다.
❻ 접시에 튀긴 감자를 깔고 생선 튀긴 것을 모양 있게 놓고 파슬리와 레몬으로 가니쉬를 하고 곁들임과 함께 마무리한다.

레드 캐비지 피클

1. 레드 캐비지를 0.3cm 두께로 썰어 준비한다.
2. 양파 슬라이스와 적양배추를 올리브 오일에 볶는다.
3. 숨이 약간 죽으면 레드 와인을 넣어 와인이 졸여질 때까지 기다린다.
4. 식초를 넣고, 설탕을 넣어, 새콤달콤한 맛의 피클을 만든다.

곁들임

적양배추 피클, 식초, 타르타르 소스, 레몬웨지

Grilled Red Snapper with Tomato Sauce

토마토 소스에 도미구이

재료 목록

Red snapper	160g	Potato	100g
Garlic	10g	Salt	20g
Turnip	40g	White pepper	5g
Zucchini	40g	Shrimp(21-25)	1pcs
Carrot	40g	Egg	1ea
Yellow pimento	40g	Flour	30g
Green pimento	40g	Almond	50g
Tomato sauce	100ml	Corn flakes	50g

만드는 방법 recipe

❶ 감자는 파리지엔 나이프로 모양을 만든 후 삶아서 준비한다.
❷ 무, 당근, 호박을 바토네 모양으로 잘라 데친 뒤 버터로 볶아준다.
❸ 도미를 잘 손질하여 껍질 쪽에 칼집을 넣고 소금, 후추, 허브오일을 발라 석쇠에 굽는다.
❹ 새우는 배 쪽에 칼집을 내고 소금, 후추, 밀가루, 달걀, 가다랑어포, 아몬드, 콘플레이크를 발라 튀긴다.
❺ 소스는 냄비에 올리브유를 두르고 채소를 볶고 토마토 소스를 넣은 후 삶은 작은 감자를 넣고 그린 피망을 잘게 썰어 넣어 마무리한다.
❻ 접시에 생선과 채소를 조화롭게 놓고 소스를 곁들여 마무리한다.

Lobster Thermidor
바닷가재 그라탱

재료 목록

Live lobster	800g	Cherry tomato	30g
Butter	100g	Asparagus	20g
Onion	100g	Baby potato	50g
Garlic	20g	Olive black	10g
Button mushroom	600g	Olive green	10g
Brandy	100ml	Broccoli	10g
Grain mustard	50g	Parsley chop	20g
Fresh cream	250ml	Parmesan cheese	150g
Bechamel sauce	200ml	Dill fresh	20g
		White wine	100ml

만드는 방법 recipe

❶ 마늘과 양파는 다지고 양송이는 0.7cm 크기로 자른다.
❷ 바닷가재는 살짝 데쳐 살을 발라내어 0.8cm 다이스로 썰어준다. 로브스터 껍질은 깨끗하게 다듬어 놓는다.
❸ 버터에 밀가루와 우유를 이용하여 베샤멜 소스를 만든다.
❹ 각종 채소들을 알감자 크기에 기준하여 다듬은 뒤 준비하여 재료의 특성에 맞도록 조리한다.
❺ 소스팬에 버터를 넣고 마늘, 양파, 양송이, 바닷가재 살을 볶다가 화이트 와인과 레몬주스를 넣어 향을 내주고 베샤멜 소스를 넣어 섞어준다.
❻ 로브스터 껍질에 내용물을 넣고 그 위에 치즈를 올려 샐러맨더에서 그라탱을 하고 파슬리를 뿌린다.
❼ 접시에 바닷가재를 놓고 준비된 가니쉬와 채소들을 모양 있게 놓고 마무리한다.

Lobster Thermidor(바닷가재 그라탱)
로브스터 테르미도르는 로브스터 고기, 달걀 노른자, 코냑이나 브랜디의 크림 혼합물을 바닷가재 껍질에 담는 프랑스 요리이다. 로브스터 테르미도르는 프랑세스 근처 파리레스토랑에 의해 1894년에 완성되었고 일반적으로 특별한 날에 주로 먹게 되며 일반적으로 그뤼에르 치즈와 베샤멜 소스를 포함하여 오븐에서 치즈 크러스트와 함께 제공된다.

Sea Bass in Champagne with Cheese Crumble
샴페인 소스를 곁들인 치즈 크럼블 농어구이

재료 목록

Sea bass fillet	180g
Carrot julienne	60g
Celery julienne	60g
Leek julienne	60g
Butter	60g
Champagne	120ml
Fresh cream	100ml
Fish stock	200ml
Cherry tomato	100g
Potato	100g

Crumble cheese

Cream cheese	80g
Butter	100g
Bread crumble	80g
Parsley	5g

만드는 방법 recipe

❶ 당근, 셀러리, 대파를 쥘리엔(Julienne)으로 썰어 볶는다.
❷ 감자는 샤토(Chateau) 모양으로 깎아 삶은 후 팬에서 버터 볶음을 하고 방울토마토는 올리브 오일에 볶는다.
❸ 크림치즈, 버터, 빵가루, 파슬리를 이용하여 치즈 크럼블을 만들어 얇게 밀어 농어살 크기에 맞도록 잘라 올려주고, 오븐 팬을 이용하여 샴페인이 농어 높이의 반 정도 잠기게 하여 오븐에서 갈색이 되도록 굽는다.
❹ 생선을 구운 팬에 남은 샴페인을 이용하여 버터와 크림, 레몬을 넣어 샴페인 소스를 만든다.
❺ 채소 볶은 것은 접시에 놓고 오븐 구이 생선을 올린다. 샴페인 소스를 뿌려주고 감자와 방울토마토를 곁들인다.

Champagne(샴페인)
오르되브르(식사 첫 입맛 돋우기 음식)에서 마지막 디저트까지 어떠한 요리에도 잘 어울린다.
샴페인 만드는 주요 포도 품종으로는 피노 누아, 샤르도네, 피노 뫼니에 3가지가 있으며 잘된 해를 제외하고 생산연도를 쓰지 않으며, 샤토 이름 대신 블렌딩한 회사 이름을 쓴다.

Spanish Paella Valencienne
스페인식 해물밥

재료 목록

Rice	150g	Red pimento	20g
Onion chop	50g	Green pimento	20g
Garlic chop	10g	Green peas	10g
Chicken leg	120g	White wine	100ml
Salami slice	100g	Saffron	1g
Fresh mussel	50g	Parsley chopped	3g
Squid	50g	Olive oil	50ml
Clam	50g	Chicken stock	250ml
Medium shrimp	50g		
Lemon	0.25ea		
Tomato	0.5ea		

만드는 방법 recipe

❶ 양파와 마늘을 다지고, 피망, 토마토는 썰어서 준비한다.
❷ 해물들은 재료의 특성에 따라 손질하여 준비한다.
❸ 닭고기 육수를 준비하고, 살라미는 썰어서 준비한다.
❹ 쌀을 씻어 체에 밭쳐두고, 닭다리는 팬에서 색이 나도록 구워준다.
❺ 달구어진 팬에 올리브유를 두르고 양파, 마늘, 쌀을 넣고 쌀이 투명해지도록 볶은 후 구운 닭고기, 오징어, 살라미, 피망, 토마토를 넣고 더 볶아준다.
❻ 오븐용 그릇을 이용하여 닭 육수와 사프란을 넣고 완두콩, 새우, 홍합, 조개를 넣고 끓인 후 160℃ 오븐에서 15~20분간 조리한다. (육수의 양은 필요시 조정한다.)
❼ 접시에 재료가 가지런히 섞이도록 하여 담고 레몬, 파슬리 다진 것을 곁들인다.

Saute King Prawn with Chilli Sauce

칠리소스를 곁들인 왕새우구이

재료 목록

King prawn	3ea
Cajun spice	5g
Salt & Pepper	2g
Black pepper corn	2g
White pepper corn	2g
Potato	50g
Asparagus	10g
Broccoli	15g
Tomato	30g
Simege mushroom	30g

Chilli sauce

Red chilli	15g
Garlic	3g
Onion	30g
Ginger	5g
Tomato ketchup	15g
Can tomato	15g
Thyme	1g
Rosemary	1g
Sage	1g
Sugar	1g
Lemon juice	5ml
Chicken stock	500ml

만드는 방법 recipe

❶ 마늘, 양파, 생강, 고추 그리고 각 향신료를 곱게 다진다.
❷ 채소 다진 것과 토마토를 순서대로 볶아주고 향신료를 넣어 끓여준다. 소스의 농도를 닭고기 육수로 조절한다.
❸ 감자는 삶아 으깨어 준비하고, 토마토는 잘라 허브를 가미하여 구워준다.
❹ 왕새우는 껍질을 벗겨 등쪽을 갈라낸 뒤 내장을 제거하고 케이준 가루와 소금, 후추로 간을 하여 그릴이나 팬에서 굽는다.
❺ 접시에 으깬 감자를 먼저 놓고 곁들임채소와 새우를 놓고 소스를 뿌려 마무리한다.

Cajun powder(케이준 가루)

케이준 스파이스(cajun spice)로 알려진 양념믹스는 마늘, 양파, 칠리, 후추, 겨자, 샐러를 섞어서 만든다. 매콤한 맛의 케이준 파우더는 1620년 캐나다의 아카디아에 거주하던 프랑스인들이 미국 남부의 루이지애나로 이주하면서 발전시킨 음식이라고 한다. 본래는 아카디아라는 말이 토착 인디언들에 의해 와전되어 케이준으로 불렸다고 한다.

Poach Halibut Veronigue

베로니게풍의 광어

재료 목록

Halibut	120g
Grapes	50g

Leek soubise

Onion	30g
Cabbage	120g
Leek white	80g
Bacon	10g
Cream	50ml
Hollandaise sauce	60ml
Fish stock	100ml

Hollandaise sauce

Butter	100g
Egg	1ea
Onion	30g
Lemon	1/4ea
Vinegar	10ml
Parsley	1stem
Black pepper corn	3ea
Bay leaf	1 leaf
Salt	2g
White pepper ground	1g

만드는 방법 recipe

❶ 대파 흰 부분과 양파, 양배추를 슬라이스하고 베이컨을 썰어 준비한다.
❷ 홀랜다이즈 소스와 생선육수를 준비한다.
❸ 버터에 베이컨, 양파, 대파, 양배추를 볶아 소금, 후추 간을 하고 생크림을 넣어 약한 불에서 수분이 없어질 때까지 졸여 퓌레가 되도록 한다.
❹ 생선은 생선 육수에 포칭을 하고 거봉포도는 껍질을 제거하고 알맹이를 사용한다.
❺ 접시에 링을 이용하여 대파 수비스(Leek soubise)를 가운데 놓고 포칭한 생선을 위에 올리고 거봉을 생선에 올린다.
❻ 생크림을 거품기로 쳐서 올려 홀랜다이즈 소스와 섞어 올려주고 샐러맨더를 이용하여 색깔을 내어 마무리한다.

Seafood Escabeche
해산물 에스카베슈

재료 목록

Sole fillet	80g
Cream	20ml
Egg white	1ea
Garlic	5g
Leek	5g
Onion	10g
Red chilli	3g
Carrot	10g
Fish stock	100ml
Mussel	30g
Shrimp	20g
Scallop	20g
Squid	20g
Clam	20g
French bread	60g
Lemon	1ea

Escabeche sauce

Vinegar	40ml
Sugar	40g
White wine	80ml
Olive oil	10ml
Bay leaf	1leaf

만드는 방법 recipe

❶ 마늘은 슬라이스하고 대파, 양파, 고추, 당근은 채썰어준다.
❷ 생선은 달걀과 크림을 넣어 무스 형태로 만들어 덤플링을 만들어준다.
❸ 각 해물을 특성에 따라 깨끗이 씻어 다듬고 검지손가락 사이즈 기준으로 썰기를 한다.
❹ 식초, 설탕, 와인, 올리브 오일에 월계수잎을 넣고 끓여 1번의 채소와 각 해산물을 넣고 해산물이 익을 정도만 끓인다.
❺ 프렌치빵을 길게 썰어 마늘빵을 만들어 준비한다.
❻ 생선 육수를 이용해서 덤플링을 큼직하게 만든다.
❼ 깊이가 있는 접시를 이용해서 생선 덤플링을 중심으로 채소와 해산물이 조화를 이루도록 담고 레몬과 마늘빵을 곁들여 마무리한다.

Escabeche(에스카베슈)
에스카베슈는 라틴아메리카와 지중해식의 많은 요리들의 이름이고 이것들은 튀겨지거나 졸여진 생선(치킨, 토끼, 돼지의 에스카베슈는 스페인에서 일반적임)으로 신맛이 나는 믹스에 음식을 내오기 전에 절여져 있다가 샐러드나 각종 채소와 함께 양념한 것으로 볼 수 있다. 이 음식은 스페인에서 많이 즐기며 양념장의 신맛은 보통 식초를 쓰지만 가끔식 감귤즙을 이용하기도 한다.
에스카베슈는 캔이나 병째로 보관된 생선, 예를 들어 고등어, 참치, 가다랑어, 정어리를 이용해 인기가 있다..

Spicy Mussel
매콤한 홍합찜

재료 목록

Mussel	600g	White wine	10ml
Cherry tomato	80g	Tomato sauce	100ml
Garlic	20g	Parsley	30g
Dry peperoncino	0.5g	Fresh basil	2g
Extra virgin olive oil	10ml	Tabasco sauce	10ml

만드는 방법 recipe

❶ 홍합을 깨끗이 씻어 손질한다.
❷ 마늘은 슬라이스하고 방울토마토는 반으로 썰어 준비한다.
파슬리는 다져서 물기를 제거한다.
❸ 토마토 소스를 만들어 준비한다.
❹ 마늘, 마른 페페론치노, 화이트 와인에 홍합을 넣고 뚜껑을 덮어 익힌다.
❺ 홍합의 껍데기가 벌어지면 마늘 오일, 토마토 소스, 파슬리 다진 것을 넣고 마무리한다.
❻ 마늘빵을 길게 만들어 곁들여준다.

Pasta and Pizza

파스타와 피자

파스타는 피자와 함께 이탈리아를 대표하는 음식으로 밀가루에 물을 넣고 반죽하여 여러 가지 모양으로 빚어 낸 면요리이다.

파스타는 글루텐(Gluten) 함량이 높은 초강력분을 이용하여 만들고, 이러한 파스타의 종류로 350여 가지가 있고, 많이 먹는 면요리에는 스파게티(Spaghetti), 라자냐(Lasagna), 마카로니(Macaroni) 등이 있다. 파스타는 생선이나 해산물, 육류, 채소 등 어떤 재료와도 잘 어울린다.

파트타의 종류

① 건조파스타와 생파스타

- 건조파스타 : 듀럼밀을 거칠게 갈아 만든 세몰라를 물로 반죽해 만드는 상업용 파스타로 면을 뽑아서 건조시킨 것(스파게티, 마카로니, 펜네 등)
- 생파스타 : 밀가루에 달걀을 넣고 반죽해서 만드는 촉촉한 상태의 파스타(라자냐, 라비올라 등)

② 모양에 따른 구분

- 롱 파스타 : 스파게티처럼 긴 모양의 형태를 가진 파스타
- 숏 파스타 : 파스타마다 독특한 생김새로 인기가 있으며 기계의 특이한 모양에 따라 다양한 모양을 만들 수 있다. 이탈리아 사람들은 주로 숏파스타를 선호한다. 펜네, 푸실리, 마카로니 등

③ 첨가하는 재료에 따른 구분

붉은색(비트), 주황색(당근, 토마토), 노란색(달걀 노른자), 검은색(오징어먹물), 녹색(시금치)

파스타의 기본 소스

가는 면의 파스타는 가볍고 묽은 소스, 길고 굵은 면은 걸쭉한 소스, 짧고 모양이 있는 면은 건더기가 많은 소스와 잘 어울린다.

① 토마토 소스

토마토를 주재료로 채소를 곁들여 토마토의 신맛이 없도록 끓인다.

② 크림소스

버터와 생크림을 이용하여 낮은 온도의 약한 불에서 서서히 졸인다.

③ 오일소스

올리브 오일을 이용하여 채소를 곁들여 만든다.

피자

피자에 사용하는 얇은 빵을 그리스어로 '파타'라고 하는데 이탈리아를 포함한 유럽의 남부지역 일대에서 많이 먹던 음식이다. 이 지역에서 생산된 다양한 특산물을 빵 위에 얹어 먹게 된 것이 피자의 유래라고 한다. 또한 이탈리아 국기 색인 빨간색(토마토), 흰색(치즈), 초록색(허브 및 채소) 재료를 얹어 여왕에게 바친 것이 피자의 유래가 되었다는 설도 있다. 이탈리아 피자는 2차 세계대전 후에 파병된 미군들이 이탈리아의 피자를 본국으로 가져가면서 전 세계로 알려지기 시작했다고 한다.

피자는 반죽의 두께에 따라 신 피자(thin pizza=wood burning pizza)와 식 피자(thick pizza=pan pizza), 굽는 방법에 따라 일반피자와 그릴피자로 구분된다.

① **신 피자 :** 피자 반죽을 얇게 밀어서 토마토 소스, 채소나 고기 혹은 해산물, 허브, 치즈를 올리고, 피자삽(para)으로 옮겨서 350℃ 피자 오븐 바닥에서 3~4분간 굽는 피자다. 반달모양(calzone pizza)이나 롤모양의 말이 roll fashion으로 제공하며 신 피자에는 오븐에서 잘 녹는 모차렐라 치즈를 비롯하여 고르곤졸라 치즈 등을 많이 이용한다.

② **식 피자 :** 얇게 민 반죽을 피자 팬에 깔고 2차 발효시킨 후에 토마토 소스, 채소나 고기 혹은 해산물, 허브, 치즈 등을 올리고 230℃의 피자 오븐에서 7~8분간 굽는다.

③ **그릴 피자 :** 옥수수가루를 곁들인 피자 반죽을 밀어서, 뜨거운 석쇠에 격자무늬가 나게 구워서 불 맛이 스며든 반죽 위에 토핑을 올려서 오븐에서 3~4분간 구워낸다.

Rotini with Basil Pesto

로티니 바질 페스토

재료 목록

Rotini	140g
Shrimp	60g
Cherry tomato	40g
Onion	30g
Olive oil	20g
Permesen cheese	30g
White wine	80g

Basil pesto

Olive oil	80g
Fresh basil	50g
Pinenut	20g
Garlic	10g
Anchovy	5g
Salt	1g
Pepper	1g
Parmesan cheese	10g

만드는 방법 recipe

❶ 새우는 껍질을 벗겨 등쪽을 갈라내고 내장을 제거한다.
❷ 로티니 면에 소금과 오일을 넣고 끓는 물에서 약 10분 정도 삶는다.
❸ 방울토마토는 반으로 잘라놓고, 마늘, 양파를 다져서 준비한다.
❹ 올리브 오일과 함께 바질, 잣, 마늘, 파마산 치즈, 앤초비를 넣고 믹서기에 갈아 바질 페스토를 만든다.
❺ 팬에 올리브 오일을 두르고 마늘을 볶다가 로티니 파스타를 볶으면서 바질페스토소스를 넣어 섞은 뒤 파마산 치즈를 뿌려서 마무리한다.

Rotini pasta
나선 형태에 짧고 뒤틀어진 파스타로 푸실리와 비슷한 모양이다. 로티니는 푸실리의 한 종류로 볼 수 있다. 모양 때문에 특유의 식감, 그리고 꼬아진 모양 때문에 입안에 넣으면 촉감이 부드럽고 감칠맛이 난다.

Pizza Calzone
칼초네 피자

재료 목록

Pizza cheese	100g
Mushroom	100g
Caper	30g
Olive	30g
Onion	100g
Pizza sauce	180g

Pizza dough

Italia flour	180g
Yeast	5g
Sugar	1g
Salt	1g

Pizza sauce

Tomato	300g
Basil	3g
Olive oil	10ml
Oregano	2g
Salt	1g
Pepper	1g

만드는 방법 recipe

❶ 양파와 버섯을 슬라이스하여 볶는다.
❷ 피자 반죽을 둥글게 돌려서 원의 반쪽만 피자소스를 바른다.
❸ 피자소스를 바른 쪽에 피자치즈를 펼치고 볶은 버섯, 양파, 올리브, 케이퍼를 올려준다. 치즈를 약간 더 올린 후 오레가노를 뿌리고 초승달처럼 접어 소스와 치즈가 새어나오지 않도록 끝맺음을 잘한다.
❹ 320~350℃의 오븐에서 10~20분 정도 굽는다.
❺ 접시에 담을 때는 자르지 않고 담는다.

Ravioli Ricotta Cheese
리코타 치즈 라비올리

재료 목록

Spinach	60g
Onion	30g
Ricotta cheese	70g
Pasta dough	100g
Fresh mushroom	40g
Tomato sauce	30ml
Fresh cream	150ml
Parmesan cheese	30g
Mascarpone cheese	20g
Salt & Pepper	1g

Pasta dough

Hard flour	100g
Egg yolk	3ea
Water	200ml
Olive oil	5ml
Salt	1g

만드는 방법 recipe

❶ 시금치를 데친 후 물기를 짜서 팬에 마늘, 양파를 넣고 함께 볶아준다.
❷ 믹서기에 1을 넣어 곱게 갈아주면서 리코타 치즈를 넣고 생크림 조금과 흰 후추, 소금, 파마산 치즈, 마스카르포네 치즈를 조금 넣고 맛을 내어 라비올리 속을 만든다.
❸ 밀가루 반죽을 하여 라비올리 도우를 만든다.
❹ 라비올리의 속을 넣고 만들어 끓는 물에 삶아준다.
❺ 버섯은 슬라이스하여 준비하고 토마토 소스를 만든다.
크림을 졸이다가 토마토 소스를 넣고 소스를 만든다.
❻ 크림 토마토 소스에 라비올리를 넣고 소금, 후추, 파마산 치즈를 넣고 마무리한다.

Spinach Gnocchi with Gorgonzola
고르곤졸라 치즈 소스의 시금치 뇨키

재료 목록

Potato	100g
Spinach	200g
Parmesan cheese	50g
Nutmeg	0.5g
Olive oil	50ml
Salt	5g
Egg	1ea
Flour	30g

Gorgonzola sauce

Onion	20g
Olive oil	15ml
White wine	30ml

만드는 방법 recipe

❶ 뇨키를 만들어 준비하고 끓는 물에 넣어 가볍게 떠오르면 찬물에 식혀 건져낸다.
❷ 고르곤졸라 소스를 만들어 준비한다.
❸ 치즈 소스에 뇨키를 넣고 접시에 담아 치즈를 뿌려 마무리한다.

뇨키 만들기

❶ 감자를 삶아 따뜻할 때 껍질을 벗겨 으깬다.
❷ 시금치를 믹서에 갈아서 주스를 만든다.
❸ 감자 으깬 것, 시금치 주스, 너트메그, 달걀 노른자, 파마산 치즈를 넣고 반죽한다. 반죽을 가래떡처럼 길게 밀어 2~3cm 크기로 잘라 강판이나 포크로 모양을 낸 뒤 냉동실에서 살짝 얼린다.

소스 만들기

❶ 팬에 올리브유를 두르고 양파 다진 것을 볶다가 백포도주를 넣고 졸인다.
❷ 생크림을 넣고 따뜻해지면 고르곤졸라 치즈를 넣고 졸이면서 농도를 맞춘다.

Linguine Vongole
봉골레 링귀네

재료 목록

Clam	120g	White wine	20ml
Peperoncini	2g	Olive oil	10ml
Garlic chop	5g	Italian parsley chop	3g
Onion chop	5g	Salt & Pepper	5g
Clam juice	25ml	Linguine pasta	80g

만드는 방법 recipe

❶ 모시조개는 소금물을 이용해서 충분히 해감을 한 뒤 깨끗이 씻는다.
❷ 링귀네 면을 소금과 오일을 넣고 끓는 물에 삶는다.
❸ 마늘, 양파는 다져서 준비한다.
❹ 팬에 올리브 오일을 두르고 마늘, 양파를 살짝 볶아 향이 나게 하고 페페론치니를 넣어 매운맛을 내준다.
❺ 모시조개를 팬에 같이 넣고 뚜껑을 덮고 센 불로 입이 벌어질 때까지 2~3분 정도 익힌다.
❻ 모시조개가 입을 벌리면 화이트 와인을 넣어 잡냄새를 없애고, 삶은 면을 넣고 파슬리와 소금, 후추를 하여 마무리한다.

Spaghetti with Clam, Asparagus, Zucchini Roast
구운 호박과 조갯살, 아스파라거스를 넣은 스파게티

재료 목록

Spaghetti	80g	Virgin olive oil	40ml
Clam	100g	Salt	6g
Green asparagus	60g	White wine	70ml
Tomato	80g	Parsley	3g
Zucchini (squish)	60g	Lemon	1/4ea

만드는 방법 recipe

❶ 조갯살은 소금물에 30분 정도 담가 충분히 해감을 한다.
❷ 호박을 반으로 잘라 슬라이스하고 올리브 오일, 소금, 후추를 하여 오븐에서 굽는다. 레몬은 껍질을 얇게 썰어둔다.
❸ 방울토마토를 반으로 잘라놓고 마늘을 다진다. 아스파라거스는 어슷썰기 형태로 썰어준다.
❹ 스파게티를 삶아 준비한다.
❺ 팬에 올리브 오일을 두르고 마늘을 볶다가 조개를 넣고 볶으면서 조개가 벌어지면 아스파라거스, 호박, 토마토를 넣고 볶는다. 스파게티 면을 넣고 파슬리와 레몬 껍질을 넣어 향을 주고 마무리한다.

Lasagne with Meat Sauce
쇠고기 소스에 라자냐

재료 목록

Lasagne pasta	4pc
Bechamel sauce	100ml
Italian meat sauce	160ml
Parmesan cheese	60g

Italian meat sauce

Beef ground	60g
Onion	70g
Garlic	10g
Tomato whole	30g
Tomato paste	30g
Parsley	1stem
Celery	30g
Butter	10g
Bay leaf	1leaf
Salt	2g
Black pepper ground	2g

만드는 방법 recipe

❶ 라자냐 면을 알덴테(Al dente)로 삶아 건져놓는다.
❷ 쇠고기를 이용하여 미트 소스를 만든다.
❸ 밀가루와 우유를 이용하여 베샤멜 소스를 만든다.
❹ 라자냐 볼에 베샤멜을 바르고, 라자냐 도우를 한 장 놓고 다시 베샤멜과 미트 소스를 바르고 파마산 치즈를 뿌린다. 두 번 더 반복하여 놓는다.
❺ 맨 위에 베샤멜 소스를 바르고 미트 소스로 모양을 내어 모차렐라 치즈를 뿌려 170~180℃ 오븐에서 15분 정도 굽는다.
❻ 다진 파슬리와 파마산 치즈를 뿌려 마무리한다.

Seafood Linguine
해산물 링귀네

재료 목록

Linguine	100g	Mussel	100g
Tomato sauce	100ml	Shrimp	40g
Bisque sauce	100ml	Scallop	60g
Garlic	20g	Squid	50g
Onion	50g	Cuttle fish	24g
Olive oil	20ml	White wine	15ml
Clam	80g	Parsley	3g

만드는 방법 recipe

❶ 양파는 다지고, 마늘은 슬라이스로 썰어놓는다.
❷ 해산물을 각각의 특징에 맞춰 다듬고 씻어놓는다.
❸ 파스타면을 알단테로 삶는다.
❹ 토마토 소스와 비스크 소스는 미리 만들어놓는다.
❺ 팬에 올리브 오일을 두르고 마늘 슬라이스와 양파를 볶다가 해산물을 넣고 볶아 준다.
❻ 화이트 와인으로 향을 낸 후 토마토 소스, 비스크 소스를 넣고 소금, 후추로 간을 하고 파스타를 넣은 후 마무리한다.

Riccotta Cheese Cannelloni
리코타 치즈 카넬로니

재료 목록

Cannelloni dough	100g
Tomato sauce	120ml
Bechamel sauce	100ml
Pizza cheese	60g
Spinach	100g
Bacon	60g
Riccotta cheese	100g

리코타 치즈 만들기

Milk	1L
Lemon	1ea
Salt	10g
Pepper	3g
Vinegar	50ml

- 우유에 소금, 후추를 넣고 끓인다.
- 우유가 끓기 시작하면 식초와 레몬을 넣고 불을 줄여 우유의 단백질이 응고되면 소창을 이용하여 걸러준 후 수분을 제거하면 리코타 치즈가 만들어진다.

만드는 방법 recipe

❶ 카넬로니 도우를 삶아 물기를 제거한다.
❷ 토마토 소스를 준비한다.
❸ 베샤멜 소스를 준비한다.
❹ 시금치를 데쳐 준비한 후 베이컨을 썰어서 같이 볶아준다.
볶은 시금치를 살짝 식힌 후 치즈와 섞어준다.
❺ 카넬로니 도우에 시금치와 치즈 섞은 것을 넣어 말아 그라탱 볼에 토마토 소스를 깔고 카넬로니 만 것을 놓고 베샤멜 소스를 올린 후 치즈를 올려 오븐에서 굽는다.

※ 리코타 치즈에 대해

이탈리아산 소젖 또는 양젖을 원료로 한 숙성시키지 않은 연질치즈로서 지방 함량은 20~30%로 비교적 적은 편이다. 주로 라비올리, 카넬로니, 디저트에 사용한다.

Risotto Porcini
버섯 리조토

재료 목록

Rice	80g	Red wine sauce	30ml
Porcini mushroom (cepe)	50g	Chicken stock	150ml
Parmesan cheese	30g	Onion chop	20g
Virgin olive oil	20ml	Parsley	2g
Butter	30g		

만드는 방법 recipe

❶ 표고버섯은 작은 다이스 썰기를 하고, 양파는 다지고 마늘은 통째로 깨끗이 씻어 놓는다.
❷ 레드 와인 소스를 준비하고 치킨 육수를 준비한다.
❸ 버터와 올리브 오일로 양파를 볶고 버섯을 볶는다. 쌀을 넣고 3분 정도 볶는다.
❹ 육수를 넣고 끓이면서 쌀이 익으면 끓는 육수를 조금씩 첨가한다. 레드 와인 소스를 넣고 리조토의 농도를 조절해 가며 파마산 치즈와 버터를 넣고 소금, 후추로 간을 한 뒤 마무리한다.
❺ 접시에 담고 버섯 가니쉬와 파슬리를 뿌려준다.

Tagliatelle Bolognese
볼로녜제 탈리아텔레

재료 목록

Beef ground	120g	Sage	2g
Can tomato	100g	Salt & Pepper	5g
Red wine	70ml	Demiglace	30g
Onion	40g	Celery	20g
Tomato paste	30g	Tomato sauce	100ml
Butter	20g	Tagliatelle	120g
Parsley	3g	Olive oil	60ml
Basil	3g		

만드는 방법 recipe

❶ 마늘, 양파, 셀러리를 다지고 캔 토마토를 으깬다.
❷ 팬에 오일을 넣고 레드 와인을 첨가하여 고기를 볶아 다른 용기에 보관한다.
❸ 고기 볶은 팬에 마늘, 양파, 셀러리를 볶다가 고기를 넣고 토마토 페이스트를 넣고 조금 더 볶는다.
토마토와 토마토 소스를 넣고 육수와 부케 주머니를 넣은 후 천천히 끓여준다.
❹ 소금과 오일을 넣은 끓는 물에 탈리아텔레면을 삶는다.
❺ 볼로녜제 소스에 소금, 후추간을 하고 바질을 넣어 파스타와 어우러지게 마무리하여 접시에 담는다.

Margherita Pizza
마르게리타 피자

재료 목록

Pizza cheese	180g
Mozzarella Buffalo	100g
Olive oil	10ml
Tomato	1ea
Arugula	30g
Basil	2stem
Grana padano	30g

Dough

Italia flour	180g
Yeast	5g
Sugar	1g
Salt	1g

Tomato sauce

Tomato	300g
Basil	1stem
Olive oil	10ml
Oregano	1stem
Salt	1g
Pepper crushed	2g

만드는 방법 recipe

❶ 이스트를 미지근한 물에 설탕, 소금을 풀어서 밀가루와 혼합하고 1, 2, 3차로 발효를 하여 피자 도우를 만든다.

❷ 소스팬에 후추를 넣고 올리브 오일에 볶다가 토마토, 오레가노, 바질과 소금, 후추를 넣고 토마토 소스를 끓인다.

❸ 피자 도우에 피자소스를 바르고 피자치즈를 뿌린 후 300℃에서 1분간 구운 후 토마토 슬라이스나 프레시 모차렐라 치즈를 올려 2분 정도 더 구워내어 아루굴라를 올리고 그라나파다노를 갈아 올린 뒤 바질을 올려 마무리한다.

Meat

육류 Meat

코스요리 중에서 주요리는 생선요리 다음에 나오는 요리로서 프랑스어로는 앙트레(Entree)라고 한다.
일반적으로 주요리로는 육류, 생선, 가금류 등이 있고 여러 가지 채소와 곁들여 나온다.
주요리에 많이 쓰이는 재료로는 소, 송아지, 양, 돼지고기, 닭, 오리, 연어 등이 있다.

스테이크 굽는 정도

① 레어(Rare)

스테이크 속이 따뜻할 정도로 익히고 고기를 절단하였을 때 선홍색을 띠어야 한다. 고기 내부의 온도는 52℃이다.

② 미디엄 레어(Medium Rare)

Rare보다는 좀 더 익히고 조리시간은 3~4분 정도이며 고기 내부의 온도는 55℃이다.

③ 미디엄(Medium)

스테이크 고기가 절반 정도 익히는 것으로 자르면 붉은색이 되어야 한다. 조리시간은 5~6분 정도이고 고기 내부의 온도는 60℃이다.

④ 미디엄 웰던(Medium Well-done)

거의 다 익힌 것으로 절단했을 때 가운데 부분만 붉은색이 있어야 한다. 조리시간은 8~9분 정도이고 고기 내부의 온도는 65℃이다.

⑤ 웰던(Well-done)

스테이크 고기를 속까지 완전히 익히는 것으로 절단했을 때 피가 보이지 않아야 한다. 조리시간은 10~12분 정도이고, 고기 내부의 온도는 70℃이다.

Chicken Galantine
닭고기 갤런틴

재료 목록

Chicken whole	400g	White wine	50ml
Pistachio	50g	Cranberry jelly	150g
Ham	30g	Orange juice	70g
Carrot	30g	Orange	1/2ea
Fresh cream	50g	Vinegar	40ml

만드는 방법 recipe

❶ 닭고기는 껍질과 살을 분리하여 껍질은 펼쳐놓는다.
❷ 살은 잘게 썰어 소금, 후추로 양념하고 화이트 와인과 크림을 넣고 갈아준다.
❸ 피스타치오는 미지근한 물에 불리고, 당근과 햄은 스몰 다이스로 썬다.
❹ 펼친 껍질에 곱게 간 닭고기 살을 펼치고 불린 피스타치오와 당근을 넣고 지름 7cm 기준으로 둥글게 말아준다.
❺ 소창을 이용하여 치킨 롤을 싸서 닭육수에서 30분 정도 익힌다.
❻ 갤런틴이 식으면 접시에 갤런틴을 썰어서 가지런히 놓고 곁들임을 한 뒤 크랜베리 소스를 곁들여 마무리한다.

※ Cranberry sauce(크랜베리 소스)

크랜베리 젤리를 오렌지주스와 겨자, 식초를 넣고 끓여준다.
오렌지 제스트를 넣고 소스를 마무리한다.

Cranberry(크랜베리)

크랜베리(cranberry)는 진달래과 정금나무속(Vaccinium)에 속한 식물의 열매를 말한다. 크랜베리 나무가 꽃을 피울 때 학을 연상시킨다는 의미에서 '크랜'이라는 명칭이 붙여졌다. 열매의 모양은 앵두처럼 생겼으며, 익으면 붉게 되고, 갈색이나 검은빛을 띠는 종도 있다.

Duck Leg Confit
오리다리 콩피

재료 목록

Duck leg	400g	Olive oil	300ml
Natural salt	100g	Potato	200g
Garlic	80g	Spinach	100g
Black pepper	10g	Onion	50g
Bay leaf	4leaf	Duck juice	130ml
Thyme	2g		

만드는 방법 recipe

❶ 오리다리 부위를 준비한다
기타 오리 뼈를 이용하여 오리 소스를 준비한다.

❷ 소금과 마늘을 비롯 후추, 타임, 월계수잎 등을 이용 오리를 절인다(2~3일간 염장한다).

❸ 염장한 오리를 깨끗이 씻어내어 물기를 제거한다.

❹ 오리기름과 올리브 오일에 오리를 잠기게 하여 저온으로 2시간 정도 부드러워질 때까지 은근히 끓여준다.

❺ 기름에 잠긴 채로 보관했다가 오븐이나 샐러맨더에 껍질 부위가 바삭하게 될 때까지 구이요리를 한다.

❻ 감자요리와 각종 채소를 이용하여 다양한 곁들임 가니쉬를 만들고 오리 소스를 함께하여 마무리한다.

Confit(콩피)

콩피(confit)란, 유럽에서 음식을 보관하는 가장 오래된 방법 중 하나로 특히 프랑스 남서부 지방을 중심으로 발달했다. 거위, 오리, 돼지고기와 같은 고기를 염장한 후 고기의 자체 기름을 포함하여 은근하게 저온조리하여 저장하는 요리방법이다.

요리과정에 정성을 들임은 물론 2차로 오븐에서 구이를 함으로써 기름은 빠지고 속살은 부드럽고 겉은 바삭한 식감을 느낄 수 있다.

Beef Tenderlion Wellington with Red Wine Sauce

적포도주 소스에 소안심 웰링턴

재료 목록

Beef tenderlion	150g
Egg	1ea
Rosemary	2g
Butter	60g
Endive	30g
Brown sauce	80g
Red wine	80ml
Broccoli	80g
Tomato	80g

Dough

Butter	60g
Egg	1ea
Flour	80g
Salt	1g

Duxelles

Button mushroom	40g
Onion	20g
Thyme	2g
White wine	10ml
Brown sauce	10ml
Butter	10g
Parsley	2g
Salt	1g
Pepper	1g

만드는 방법 recipe

❶ 쇠고기 안심을 스테이크 모양을 내어 허브와 함께 양념하여 달구어진 팬에서 갈색이 나게 굽는다.

❷ 양송이 뒥셀을 만들어 구운 쇠고기 안심에 골고루 바른다.

❸ 안심을 퍼프 페이스트리(puff pastry) 반죽에 넣고 씌운다.

❹ puff pastry 겉에 달걀 노른자를 고르게 바르고 180℃의 예열된 오븐에서 20분간 굽는다.

❺ 구운 안심과 곁들임채소와 함께 적포도주 소스를 곁들여 마무리한다.

※ Puff pastry

1. 버터를 3mm 두께 정도로 납작하면서 말랑하게 준비한다.
2. 밀가루 반죽을 분량에 맞게 반죽한다.
3. 정사각형으로 반죽을 밀고 버터를 넣고 냉장고에 보관한 후에 사용한다.
4. 밀대로 밀어 다시 3번의 과정을 3번 더 반복하여 냉장고에 보관한 후에 사용한다.

※ Duxelles mushroom

1. 양파, 양송이를 곱게 다져서 버터로 양파를 갈색이 되도록 볶은 후 양송이를 넣어 충분히 볶는다.
2. 백포도주를 넣고 갈색 소스를 넣고 되직하게 졸인다.
3. 허브와 소금, 후추를 넣어 양송이 뒥셀(duxelles)을 완성한다.

Roast Lamb Tenderlion in Herb Phillo with French Mustard Cream Sauce

허브필로로 싼 양고기 안심구이에 겨자소스

재료 목록

Phillo pastry	120g
Lamb tenderloin	300g
Garlic	60g
Egg	1ea
Rosemary	5g
Oregano	5g

French mustard sauce

French mustard	80g
Fresh cream	130ml
Onion	60g
Garlic	5g
Shallot	30g
Chix peas	80g
Long bean	80g
Baby carrot	80g

만드는 방법 recipe

❶ 양고기 안심을 다듬어 지름 7cm 크기의 긴 스테이크 모양으로 준비한다.
❷ 로즈메리와 오레가노, 마늘을 다져 준비한다.
❸ 양고기 안심 스테이크를 팬에 갈색이 나도록 구워 다진 허브와 마늘을 바른다.
❹ 필로 페이스트리(Phillo pastry) 4장의 사이사이에 버터를 바르면서 다진 허브를 같이 곁들여 포개어 준비한다.
❺ 페이스트리 스테이크를 둥글게 말아 180℃ 온도의 오븐에서 12분 정도 굽는다. (중간 타임에 달걀의 노른자를 필로 페이스트리에 발라 색깔을 낼 수 있도록 한다.)
❻ 마늘 다진 것과 양파 다진 것을 볶은 후 크림을 넣고 졸이다 프렌치겨자를 넣고 풀어서 고운체에 걸러 소스를 만든다.
❼ 스테이크를 잘라 가지런히 놓고 각종 채소를 이용하여 곁들임을 하고 겨자소스를 함께하여 마무리한다.

Phillo pastry(필로 페이스트리)
필로(phyllo, filo, fill)는 그리스어로 '종잇장처럼 얇은'이라는 뜻이다. 효모를 부풀리지 않은 밀가루 반죽으로 얇게 만든 페이스트리 또는 얇은 반죽을 여러 겹 포개어 만든 파이 종류를 말한다.

Chicken Breast on Vegetable Tian with Thyme Jus

채소 티안과 닭가슴살구이

재료 목록

Chicken breast	100g
Baby potato	50g
Squash	60g
Red pimento	60g
Green pimento	60g
Eggplant	60g
Onion	60g
Garlic	5g
Tomato paste	10g
Basil	5g
Thyme	5g
Parsley	5g
Brown sauce	100ml

만드는 방법 recipe

❶ 닭가슴살에 소금과 후춧가루를 뿌려 밑간을 해놓고 알감자는 껍질을 벗겨서 삶아 놓는다.

❷ 애호박, 양파, 피망을 주사위 모양으로 썰어서 볶은 후 토마토 페이스트를 넣고 은근한 불에서 충분히 볶아 채소 티안에 넣을 채소속을 만든다.

❸ 가지와 애호박은 길이로 얇게 썰어 끓는 물에 살짝 데친 후 찬물에 식혀 물기를 뺀다.

❹ 몰드를 준비해 데쳐놓은 애호박과 가지를 몰드 안에 방사형으로 놓고 볶은 채소로 속을 채워 감싼 뒤 팬에서 올리브 오일을 두르고 노릇하게 구워낸다.

❺ 팬에 올리브 오일을 두르고 밑간한 닭가슴살을 놓아 앞뒤로 노릇하게 굽는다.

❻ 데미글라스 소스에 다진 타임을 넣고 끓여서 소스를 만든다.

❼ 접시 중앙에 채소 티안을 올리고 닭가슴살을 잘라 옆에 곁들인다. 구운 알감자를 티안 위에 올리고 허브로 장식한다.

티안(Tian)
몰드에 속을 채워서 몰드 모양으로 만드는 채소 요리방법을 일컫는다.

German Bratwurst with Sauerkraut

사우어크라우트에 독일식 소시지

재료 목록

Pork shoulder (meat 75%, fat 25%)	2.5kg
Sage	7g
Salt	55g
Pepper	10g
Nutmeg	0.5g
Ice cube	150g
Pork casing	100g

Sauerkraut

Cabbage	400g
Onion	120g
Bay leaf	2leaf
Juniper berry	1g
Garlic	5g
Salt	60g
Vinegar	100ml
Pepper	0.5g

만드는 방법 recipe

❶ 돼지고기 어깨살을 소금, 후추, 세이지, 육두구로 양념하여 분쇄기를 이용 곱게 갈아준다.

❷ 곱게 분쇄한 고기에 얼음을 넣으면서 천천히 섞어준다.
(소시지의 혼합물이 만졌을 때 서로 달라붙는 느낌이 될 때까지 섞는다.)

❸ 케이싱에 혼합물을 넣어 모양을 만들고 은은히 저온으로 끓는 물에서 15~18분간 소시지를 삶은 뒤 찬물에 식혀준다.

❹ 팬에 튀기거나 구워서 삶은 감자와 사우어크라우트를 곁들여준다. (겨자나 브라운 소스를 곁들여준다.)

※ Sauerkraut(사우어크라우트)

1. 양파와 양배추를 슬라이스하여 식초, 소금, 후추, 월계수잎, 주니퍼베리, 마늘을 넣고 재워둔다. (4주 이상 재워두어야 발효가 제대로 이루어진다.)
2. 절여진 양배추를 소시지나 돼지고기와 같이 천천히 삶이서 함께 먹을 수 있도록 곁들인다.

Casing (케이싱)

소시지 케이싱 혹은 소시지 스킨은 소시지 속을 감싸는 재료를 말한다. 크게 천연 케이싱과 인공 케이싱 두 가지로 구분하여 사용한다. 천연 케이싱은 내장을 분리하여 세척해서 염장한 후에 직경과 상태에 따라 등급을 메겨 적절한 용기에 포장하여 유통되며, 인공 케이싱은 콜라겐, 셀룰로오스, 플라스틱 그리고 최신 압출 케이싱 등이 사용되는데 수요의 급증으로 최근에는 인공 케이싱을 많이 사용한다.

Stuffed Plum of Pork Tenderloin Roll Cutlet

건자두로 속을 채운 돼지 안심 롤 커틀릿

재료 목록

Pork tenderloin	180g	Italian parsley	1leaf
Plum	3ea	Carrot	50g
Flour	20g	Orange juice	120ml
Bread crumb	20g	Lemon juice	10ml
Egg	2ea	Basil flake	5g
Parsley	5g	Garlic	50g
Grana padano	10g	Milk	200ml
Autumn squash	30g	Bay leaf	1leaf
Onion	20g	Butter	10g
Oyster mushroom	20g	Olive oil	10ml
Asparagus	20g	Salt & Pepper	2g
Black garlic	5g	Sugar	2g

만드는 방법 recipe

❶ 채소는 요리 용도에 맞추어 깨끗이 씻고 손질한다.
❷ 돼지 안심은 반으로 가른 후 소금, 후추 간을 한다.
❸ 단호박은 올리브 오일을 바른 후 200℃ 오븐에서 15~20분간 익혀준 후 그릴에 구워준다.
❹ 아스파라거스는 살짝 데친 후 팬에 올리브 오일을 두르고 양파, 흑마늘, 느타리버섯, 아스파라거스 순으로 볶다가 소금, 후추로 양념을 하고 바질 플레이크를 뿌려 향을 더해준다.
❺ 팬에 버터를 녹이고 당근을 볶다가 오렌지주스와 설탕을 넣고 오렌지주스가 끓기 시작하면 뚜껑을 덮고 200℃ 오븐에 13~15분간 조리한다.
❻ 조리된 당근을 팬에 넣고 레몬즙을 넣어 윤기가 나게 졸여준다.
❼ 팬에 마늘이 타지 않게 볶아주다가 우유를 넣고 월계수잎을 넣어 20~25분간 끓인 후 월계수잎은 건져내고 믹서기에 갈아서 소스를 만든다.
❽ 반을 가른 안심에 건자두를 넣고 랩으로 공기가 통하지 않게 원기둥 모양으로 말아준다.
❾ 랩으로 말아준 안심을 60℃의 끓는 물에 10~12분간 저온 조리한다.
❿ 조리된 안심의 랩을 벗긴 후 밀가루, 달걀, 빵가루(파슬리, 그라나파다노)를 묻혀서 튀긴다.
⓫ 접시에 안심 롤 커틀릿을 올리고 준비한 곁들임채소를 가지런히 담고 소스를 뿌려서 마무리한다.

Chicken Breast Roll and Mandarin Sauce

만다린 소스를 곁들인 닭가슴살 롤

재료 목록

Chicken breast	100g	Mushroom	80g
Sweet pumpkin	20g	Onion	80g
Ricotta cheese	20g	Orange	1/2ea
Cranberry	10g	Yuzu chutney	20g
Carrot	80g	Orange juice	30ml
Potato	80g	Garlic	5ea
Asparagus	3ea	Salt & Pepper	3g

만드는 방법 recipe

❶ 닭가슴살은 저며 썰어 오일과 소금, 후추를 뿌려준다.
❷ 채소들은 요리의 용도에 맞게 다듬어준다.
❸ 시금치는 데치고, 단호박은 스몰다이스로 썰어 소금, 후추, 오일을 뿌려 오븐에서 구워준 뒤 믹싱볼에 단호박과 리코타 치즈, 시금치, 크랜베리를 넣고 섞은 것을 얇게 저며놓은 가슴살에 말아준다.
❹ 감자는 길게 채썰어 링 몰드를 이용하여 오븐에서 구워준다.
❺ 달궈진 팬에 다진 마늘과 다진 양파를 넣어 볶고 오렌지를 넣어 화이트 와인 플람베 후 오렌지주스와 유자청을 넣고 끓이다가 마지막에 오렌지 제스트를 넣는다.
❻ 3의 가슴살은 튀김옷을 입혀 180도 기름에서 5분 정도 튀긴다.
❼ 아스파라거스는 살짝 볶아주고 당근은 만다린 소스에 살짝 졸여준다.
❽ 접시에 아스파라거스를 깔아서 가슴살을 올리고 감자 구운 것을 곁들여서 만다린 소스로 마무리하여 준다.

Tenderloin Steak with Gorgonzola Sauce

고르곤졸라 소스를 곁들인 안심스테이크

재료 목록

Tenderloin	150g	Autumn squash	50g
Gorgonzola cheese	20g	Rigatoni	5ea
Fresh cream	100ml	Simege mushroom	20g
Brown sauce	50ml	Button mushroom	1ea
Asparagus	2ea	Onion	1/4ea
Carrot	30g	Red wine	30ml
		Salt & Pepper	2g

만드는 방법 recipe

❶ 채소들을 예쁘게 다듬어서 데친 후 당근은 글레이징, 아스파라거스는 볶아주고 백만송이버섯은 그릴링한다.
❷ 생크림을 끓여서 고르곤졸라 치즈를 넣어서 졸여준다.
❸ 양파를 볶다가 레드 와인을 넣고 졸인 후 브라운 소스를 넣어서 향미를 더해준다.
❹ 리가토니는 삶아서 올리브 오일에 살짝 볶아준다.
❺ 단호박을 구워 으깬 뒤 소금, 후추와 생크림을 첨가하여 부드럽게 만든다.
❻ 단호박 무스를 리가토니 안에 넣어서 속을 채워준다.
❼ 안심은 미디엄 정도로 구워준다.
❽ 리가토니를 밑에 깔고 준비된 채소를 모양 있게 놓아 위에 고기를 올리고 소스를 뿌려서 마무리한다.

고르곤졸라
· 소젖으로 만든 이탈리아의 대표적인 소프트치즈
· 상아색 외관을 가지며 연한 혹은 진한 녹색의 가느다란 줄무늬가 있다.
· 짭짤하며 자극적이고 곰팡이로 만든 전형적인 치즈

Veal Ossobuco
송아지 오소부코

재료 목록

Rice	80g	Garlic	5g
Saffron	1g	Red wine	5g
Veal shank	250g	Tomato sauce	10ml
Onion	40g	Chicken stock	40ml
Celery	15g	Parmesan cheese	25ml
Carrot	40g	Olive oil	40ml
Zucchini	80g	Butter	20g
Cherry tomato	60g	Tomato paste	20g
Lemon	1/2ea		
Tomato	1ea		
Thyme	45g		
Bay leaf	1leaf		
Rosemary	5g		

만드는 방법 recipe

❶ 송아지 정강이 고기를 양념하여 밀가루를 묻혀 팬에서 색을 내어 기름기를 제거한다.
❷ 양파, 당근, 마늘, 셀러리를 스몰다이스하고 토마토 콩카세를 만든다.
❸ 호박을 길게 썰어 그릴자국을 내어 익힌다.
❹ 좁고 깊이가 있는 소스팬을 이용하여 채소들을 볶고 레드 와인과 토마토 페이스트를 같이 넣어 볶은 후 토마토와 토마토 소스를 넣고 육수를 넣고 끓인 뒤 오븐에서 약불로 익힌다.
❺ 양파를 볶고 쌀을 볶아 사프란과 백포도주를 넣고 육수를 넣어 리조토를 만든다.
❻ 구운 호박과 방울토마토를 곁들임채소로 접시에 담고, 고기가 익으면 리조토를 담고 고기를 올려 로즈메리, 레몬 껍질, 마늘 다진 것을 뿌려 마무리한다.

Traditional Red Wine Marinated Chicken Stew

적포도주에 절인 닭고기 스튜

재료 목록(4인분)

Chicken leg	800g	Whole pepper	5g
Red wine	1000ml	Cocktail onion	90g
Bacon	100g	Parsley chop	10g
Button mushroom	150g	Bay leaf	1leaf
Flour	50g	Thyme	1leaf
Garlic	20g	Black pepper whole	1g
Carrot	100g	Brown sauce	500ml
Onion	150g		

만드는 방법 recipe

❶ 닭고기를 적포도주에 당근, 양파, 셀러리, 통후추로 만든 향신주머니를 넣고 같이 마리네이드한다.

❷ 당근, 호박은 예쁘게 깎아주고 양파, 마늘, 베이컨은 큐브 크기로 잘라 준비한다.

❸ 닭고기가 충분히 마리네이드되면 닭고기와 채소들은 건져내고 닭고기만 밀가루를 묻혀 팬에서 굽고, 채소는 팬에서 볶아준다.

❹ 구운 닭고기와 채소를 마리네이드할 때 사용한 와인과 함께 끓여준다.

❺ 닭다리요리를 접시에 놓고 소스와 베이컨, 각종 채소를 놓고 칵테일 양파와 파슬리를 뿌려 마무리한다.

Beaujolais nouveau(보졸레 누보)

프랑스 부르고뉴 지방 남쪽의 론주에 있는 보졸레 지역에서 그해에 수확한 가메 품종 포도로 생산된 햇와인으다. 누보는 '새로운'이라는 뜻이다.

일반 와인은 6개월 이상 숙성과정을 거치지만 보졸레 누보는 4~6주가량 숙성한다.

상큼하고 부드러운 과일향의 맛으로 전 세계적으로 11월 셋째주 목요일에 출시하여 마실 수 있도록 하여 보졸레누보 축제를 한다.

Pork Fricasse
돼지고기 프리카세

재료 목록

Pork loin	160g	Salt & Pepper	3g
Weight flour	15g	Cajun spice	3g
Tomato paste	10g	Olive oil	10ml
Carrot	30g	Red pimento	40g
Onion	30g	Green pimento	40g
Celery	30g	Apple	40g
Garlic	3ea	Pea	20g
White wine	60ml	Butter	100g
		Chicken stock	200ml

만드는 방법 recipe

❶ 마늘, 당근, 양파, 셀러리를 0.5cm 크기로 썰어준다.
사과와 피망은 0.3cm 크기의 작은 다이스로 썬다.
❷ 돼지 등심을 손질해서 30~40g 정도의 큐브 크기로 잘라 소금, 후추 간을 한다.
❸ 팬에 샐러드 오일을 두르고 자른 고기에 색을 낸 후 얕은 냄비에 옮겨 담는다.
❹ 버터에 밀가루 박력분을 볶다가 토마토 페이스트를 같이 볶는다.
❺ 고기 구운 팬에 마늘, 당근, 양파, 셀러리를 스몰 다이스로 잘라서 볶다가 화이트 와인을 넣고 부케가르니와 닭육수를 넣고 끓이다가 돼지고기, 밀가루, 페이스트 볶은 것과 토마토 콩카세를 넣고 케이준 파우더와 소금, 후추로 간을 하여 함께 넣고 180℃ 오븐에서 50분 정도 넣었다가 꺼낸다.
❻ 고기를 다른 냄비로 옮기고 육수를 거른다.
❼ 냄비에 버터를 넣고 스몰 다이스한 피망과 사과를 건포도와 함께 볶는다.
❽ 고기와 체에 거른 육수를 7번의 재료와 섞어 잠시 한번 더 끓여 마무리한다.

그리스식 필라프 만들기

1. 냄비, 버터, 다진 양파, 쌀을 넣고 투명하게 볶는다.
   닭육수, 소금, 후추를 넣고 뚜껑을 덮고 180℃ 오븐에서 15분 정도 익힌다.
2. 끓는 물에 소금을 넣고 완두콩, 피망을 데친 후 찬물에 식혀 물기를 제거한 다음 필라프 밥에 넣고 몰드에 찍어 접시에 담고 고기와 함께 담아 완성한다.

Beef Stroganoff with Spaghetti
쇠고기 스트로가노프

재료 목록

Beef tenderlion	120g
Garlic chop	10g
Paprika powder	5g
Flour	30g
Salt	3g
Pepper	3g
Cucumber pickle	30g
Spaghetti	100g
Parsley	5g

Mushroom sauce

Onion chop	50g
Mushroom	70g
Fresh cream	100ml
Brown sauce	100ml

만드는 방법 recipe

❶ 양파는 다지고 양송이는 슬라이스하고 피클은 채썬다.
❷ 쇠고기 안심을 중간손가락 크기로 잘라 소금, 후추, 파프리카 가루, 다진 마늘로 양념하여 밀가루를 묻혀 살짝 비벼서 말아준다.
❸ 양념된 쇠고기를 가열된 프라이팬에서 갈색이 나도록 볶는다.
❹ 고기를 구운 팬에 다진 양파와 슬라이스한 양송이를 버터에 볶아준 후 브라운 소스와 생크림을 넣어 소스를 만든다.
❺ 볶은 쇠고기를 소스에 넣어 촉촉한 농도가 되도록 하고 크림을 넣어 마무리하여 파스타나 밥을 곁들이고 피클 썬 것과 파슬리 다진 것을 곁들여 마무리한다.

스트로가노프 요리의 유래

19세기 러시아의 백작 스트로가노프가 만찬회를 열어 손님을 초대했는데 예상보다 많은 인원이 참석하자 준비된 고기재료가 부족하여 고기를 얇게 썰어 남은 양파와 양송이를 넣고 양을 늘려 참석한 모든 손님들에게 음식을 대접하고 좋은 반응을 얻었다.
이에 백작의 이름을 따서 '비프 스트로가노프'라고 명명하였다.
오늘날 이 메뉴는 세계인이 즐기는 요리로서 각국의 레스토랑 메뉴에서 볼 수 있다.

Walnut Crushed Lamb Chop with Truffle

트러플 향을 곁들인 호두 양갈비구이

재료 목록

Lamb rack	180g	Tomato	60g
Crushed walnut	100g	Garlic	10g
Dijon mustard	5ml	Rosemary	1stem
Potato	100g	Thyme	1stem
Asparagus	30g	Olive oil	10ml
Onion	30g	Brown sauce	80ml
Green pimento	30g	Truffle oil	5ml
Red pimento	30g		
Eggplant	30g		

만드는 방법 recipe

❶ 양갈비는 소금, 후추 간을 하여 기름을 발라준 후 그릴에 구워서 겨자를 발라준다.

❷ 토마토, 양파, 피망, 가지를 큼직하게 썰어 라타투이용으로 썰어주고, 마늘은 슬라이스하여 향신료를 넣고 함께 볶아준다.

❸ 감자를 삶아 으깨어 크림을 첨가하여 부드럽게 만든다.

❹ 겨자를 바른 구운 양갈비에 호두가루를 묻혀서 오븐에서 굽는다.

❺ 갈색 소스를 준비한다.

❻ 접시에 으깬 감자를 놓고 라타투이를 같이 놓아 양갈비를 잘라 가지런히 모양있게 놓고 갈색 소스에 트러플 오일을 첨가하여 소스에 향을 내어 마무리한다.

Truffle(트러플)

프랑스 최고의 버섯으로 '페리고르' 지방에서 많이 생산, 주로 떡갈나무 등 낙엽수림 밑에서 10~15㎝ 깊이에서 자라며 공생한다

독특한 향과 맛, 인공재배가 어려워 가을에만 나기 때문에 희귀성을 갖는다.

프랑스 페리고르산 흑색 트뤼플(Tuber Melanosporum)과 이탈리아 피에몬트 지방의 흰색 트뤼플(Tuber Magnatum)을 최고로 친다.

일반적으로 트러플은 가을에 숙성하지만 종에 따라서는 봄, 여름, 겨울에 수확하기도 한다. 인공재배되지 않고 생산량도 적고 희소성이 높아서 가격이 비싸다.

Roast Duck Breast with Orange Sauce

오렌지소스를 곁들인 오리 가슴살구이

재료 목록

Duck breast	1pc
Garlic whole	1ea
Orange juice	200ml
Lemon juice	5ml
Sugar	20g
Orange fresh	0.5ea
Brown sauce	30g
Butter	20g
Fresh cream	30g
Grand marnier	5ml
Spinach	80g
Olive oil	100ml
Potato	1ea
Chervil leaf	1leaf

Orange confit

Orange zest	15g
Orange juice	70ml
Sugar	30ml
Water	30ml

만드는 방법 recipe

❶ 시금치는 다듬고, 오렌지 껍질은 깨끗하게 씻어 주황색 껍질부분을 가늘게 채썬다.
❷ 오리 가슴살은 껍질 쪽에 칼집을 넣어 팬에서 천천히 굽는다.
❸ 통마늘은 올리브 오일을 뿌려 오븐에서 통째로 굽는다.
❹ 감자를 통째로 다듬어 깎아 버터와 육수를 이용하여 퐁당 감자를 만든다.
❺ 시금치를 올리브 오일에 볶아준다.
❻ 오렌지주스, 설탕에 오렌지 껍질로 오렌지 콩피(Confit)를 만든다.
❼ 버터, 오렌지주스, 레몬주스, 설탕, 그랑 마니에르, 브라운 소스를 이용하여 오렌지 소스를 만들어 준비한다.
❽ 퐁당 감자를 접시의 가운데 놓고 시금치와 구운 마늘을 곁들여 구운 오리 가슴살을 가지런히 썰어놓고 오렌지소스를 뿌려 마무리한다.

Fondant Potato(퐁당 감자)
로스트 팬에 샤토보다는 약간 크고 굵게 만들어 버터와 스톡을 넣고 오븐에서 익히는 감자요리 방법으로 육류나 가금류의 요리에 주로 사용한다.

Chicken Breast Cordon Bleu
닭가슴살 코르동블뢰

재료 목록

Chicken breast	120g	Vinegar	30ml
Slice ham	30g	Bay leaf	1leaf
Slice cheese	30g	Orange marmalade	20g
Egg	2ea	Lemon	0.25ea
Button mushroom	60g	Shallot	20g
Flour	100g	Brown sauce	100ml
Bread crumb	100g	Red wine	50ml
Red cabbage	120g	Fresh cream	50ml
Onion	50g	Butter	15g
Sugar	30g	Salt & Pepper	3g
Red wine	50g		

만드는 방법 recipe

❶ 닭가슴살의 껍질을 제거하고 스테이크 망치를 이용하여 비닐을 깔고 넓게 펼친 후 소금, 후추 간을 한다.

❷ 양송이는 슬라이스한다.

❸ 펼쳐진 닭가슴살에 햄, 치즈, 양송이를 넣고 네모나게 틈이 없도록 감싼 후 밀가루, 달걀물, 빵가루를 입혀 모양을 잡는다.

❹ 팬에 식용유를 넣고 160~180℃의 온도에서 양면이 골드 색이 나도록 익혀준다.

❺ 적채를 썰어서 양파와 함께 볶고 레드 와인을 넣어 졸여준다. 설탕, 식초, 오렌지잼을 넣어 새콤달콤한 맛을 내고 코르동블뢰(Cordon Bleu)와 함께 준비한다.

❻ 버터를 두르고 샬롯을 볶다 적포도주를 넣고 1/2 정도 될 때까지 졸인다. 데미글라스 소스를 넣고 끓이다 소금, 후추 간을 하고 생크림으로 졸여 소스를 마무리한다.

닭고기의 모양을 잡을 때 요리과정에서 뜨거운 기름 열에 의해 치즈가 녹아 밖으로 흐르지 않도록 틈새 없이 마무리를 잘하도록 한다.

Pork Piccata
돼지고기 피카타

재료 목록

Pork loin	160g	Broccoli	10g
Tomato	1ea	Parmesan cheese	20g
Garlic	5g	Egg	1ea
Cherry tomato	10g	Flour	30g
Zucchini	10g	Parsley	2stem
Eggplant	10g	Basil	1stem
Onion	10g	Salt & Pepper	2g
Olive black	5g	Balsamic	100ml

만드는 방법 recipe

❶ 돼지고기 등심을 얇게 저며 썰어 밀가루를 묻힌다.
❷ 마늘은 다지고 양파, 호박, 가지를 바토네 모양으로 자른다.
브로콜리와 토마토는 다듬는다.
❸ 발사믹을 팬을 이용하여 서서히 졸여서 농도를 맞춰준다.
❹ 달걀물에 파마산 치즈를 충분히 넣고 파마산 달걀물을 만든다. 밀가루 묻힌 돼지고기를 달걀물에 묻혀 팬에서 굽는다.
❺ 마늘과 함께 채소를 올리브 오일에 볶아준다. 브로콜리는 끓는 물에 데쳐서 준비한다.
❻ 접시에 채소를 길게 놓아주고 피카타를 채소 위에 올려주고 브로콜리와 체리토마토를 함께 놓아주고, 발사믹 졸인 소스를 곁들여 마무리한다.

Piccata(피카타)
이탈리아 음식으로 송아지(에스칼로프 escalope: 기름으로 튀긴 얇게 썬 돼지고기 또는 쇠고기요리)에 치즈를 곁들여 만든 뒤 소스와 레몬즙을 뿌리고 파슬리를 곁들인 요리이다.

Chicken Breast Stuffing with Spinach and Ricotta Cheese

리코타 치즈를 넣어 만 닭고기 가슴살

재료 목록

Chicken breast	140g	Cheery tomato	80g
Spinach	50g	Carrot	100g
Milk	200ml	Zucchini	100g
Lemon	1ea	Newagalic mushroom	100g
Mushroom	100g	Tomato sauce	150ml
Potato	1ea	Ricotta cheese	100g

만드는 방법 recipe

❶ 당근, 호박, 양송이는 용도에 맞게 다듬는다.
❷ 감자는 삶아서 으깨어 매시 감자를 만든다.
❸ 시금치는 데쳐서 물기를 제거한다.
❹ 토마토 소스를 만들어준다.
❺ 리코타 치즈는 준비하고 닭가슴살은 스테이크 망치를 이용해 펼쳐서 소금, 후추 간을 한다.
❻ 닭고기에 시금치를 깔고 리코타 치즈를 넣고 비닐을 이용하여 말아 스팀 솥에 찜을 할 수 있도록 한다.
❼ 접시에 곁들여지는 채소들을 놓고 치즈를 넣어 찐 닭고기를 적당한 두께로 썰어서 접시에 모양 있게 놓는다. 토마토 소스를 곁들여 마무리한다.

Sandwich

샌드위치 Sandwich

1) 샌드위치의 정의

샌드위치는 얇게 썬 두 쪽의 빵 사이에 치즈, 고기, 채소 등의 재료를 넣고 소스를 뿌려서 먹는 음식으로 휴대하기가 편리하다는 장점이 있어 인기 있는 식사 중의 하나이다.

샌드위치를 만들 때 버터, 마요네즈, 마가린, 겨자 등의 재료를 빵에 발라주는데, 이는 식재료를 빵에 얹었을 때 수분이 빵 속으로 침투해서 무르는 것을 막기 위해 발라주고 빵에 얹은 식재료가 흐트러지지 않도록 접착제 역할을 하기도 한다.

샌드위치의 모양과 형태, 재료들을 취향에 맞도록 갖추어 만든다.

2) 샌드위치의 유래

샌드위치의 유래는 원래 샌드위치가(家)의 4대 백작인 존 몬터규(John Montagu, 4th Earl of Sandwich)로부터 나왔다. 그는 도박을 좋아했기에 도박을 하면서 식사할 수 있는 음식을 부탁하여 그의 하인이 빵 사이에 고기와 채소를 끼워서 가져다 준 음식을 먹고 그의 이름을 붙였다고 한다.

보통 샌드위치에는 치즈, 달걀, 햄, 육류 등을 주재료로 넣어서 먹고, 샌드위치에 바르는 버터는 겨자 버터(Mustard Butter), 앤초비 버터(Anchovy Butter), 레몬 버터(Lemon Butter), 호스래디시 버터(Horseradish Butter) 등이 있다.

3) 샌드위치의 종류

① **오픈 샌드위치 :** 카나페 형식으로 빵 위에 자신의 취향에 맞도록 식재료를 올려서 만든다.

② **클로즈드 샌드위치 :** 빵과 빵 사이에 재료의 속을 넣어 만든다.
빵을 두 겹 내지는 세 겹으로 포개어 만든다.

③ **롤 샌드위치 :** 김밥 말듯이 빵에 재료를 넣어 둥글게 말아 만든다.

Bagel Sandwich with Mozzarella
모차렐라 베이글 샌드위치

재료 목록

Bagel bread	1ea	Bacon	30g
Head lettuce	30g	Mozzarella cheese	60g
Lolla rossa	20g	Potato	200g
Cream cheese	50g	Cajun powder	10g
Tomato	40g	Salt	1g
Onion	30g	Pepper	1g

만드는 방법 recipe

❶ 베이글 빵을 썰어 2쪽으로 가르고 구워서 준비한다.
❷ 양상추, 롤라로사는 깨끗이 씻어 물기를 제거해 준다.
❸ 베이컨은 구워 기름을 제거하고 펴서 준비한다.
❹ 토마토, 양파는 링으로 슬라이스해서 준비한다.
❺ 모차렐라 치즈는 1cm 두께로 길게 썰어 준비한다.
❻ 베이글 빵에 크림치즈를 바르고 양상추, 롤라로사를 깔고, 베이컨, 양파, 토마토 모차렐라 치즈를 올려 마무리한다.
❼ 프렌치 감자를 튀겨 케이준 가루를 뿌려 곁들여서 마무리한다.

Bagel bread
베이글(Bagel)은 17세기 폴란드의 유대인 제빵사에 의해 시작된 빵이라고 하는데 저지방, 무방부제, 저칼로리 식품으로 버터와 달걀이 사용되지 않는다. 소맥분과 이스트, 옥수수가루, 찹쌀가루 등으로 만들기 때문에 보통 빵보다 지방이 적어 소화가 잘되며 맛이 담백하고 저칼로리인 다이어트용 빵이다.

Crab Burger Sandwich
크랩 버거 샌드위치

재료 목록

Crab meat	130g	Arugula	50g
Onion	60g	Buger bun	1ea
Potato	300g	Bread	150g
Sweet corn	60g	Flour	100g
Coriander	1g	Egg	1ea
Paprika powder	1g	Tartar sauce	100g
Dill	1g	Salt	1g
Lemon	1/4ea	Pepper	1g
Head lettuce	30g		

만드는 방법 recipe

❶ 끓는 물에 감자를 푹 익혀 으깬 감자로 만든다.
❷ 양파는 다져서 볶은 뒤 식혀두고 옥수수는 물기를 제거하여 준비한다. 게살도 곱게 찢어서 준비한다.
❸ 으깬 감자와 양파볶음, 옥수수, 게살, 딜, 파프리카 파우더, 고수와 함께 소금, 후추를 넣고 섞어준다.
❹ 버거 빵보다 5mm 작은 크기로 1.5cm 두께의 크랩 패티를 만들어 밀가루, 달걀, 빵가루의 순으로 묻혀 180도의 기름에서 노릇하게 튀겨 기름을 제거한다.
❺ 빵을 구워 한 김을 날리고 되직하게 만든 타르타르 소스를 바르고 양상추, 토마토와 얇게 썬 양파, 그리고 튀긴 게살버거를 올리고 아루굴라를 올려 마무리하고 튀긴 감자를 곁들여 마무리한다.

Tartar sauce(타르타르 소스)
마요네즈에 곱게 다진 피클과 레몬주스를 넣어 농도가 되직한 타르타르 소스를 만든다.

Arugula(아루굴라)
Arugula(아루굴라)는 십자화과(배추과) 식물로 씁쓸하고 향긋한 이탈리아 채소이다. 아루굴라는 고대 이집트 때부터 이용했으며 클레오파트라가 미용을 위해 이용했다고 하여 유럽에서는 샐러드용으로 많이 이용되고 있다. 아루굴라는 잎, 꽃, 씨를 모두 이용할 수 있으며 특히 발사믹 비니거(vinegar)나 파마산 치즈와 아주 잘 어울린다. 피자, 파스타, 스테이크에 잘 어울리는 맛으로 일품이다.

Ciabatta Parma Ham Sandwich

치아바타 파르마햄 샌드위치

재료 목록

Ciabatta bread	1ea
Head lettuce	60g
Tomato	100g
Parma ham	30g
Cheddar cheese	30g
Dill pickle	20g
Lolla rossa	30g
Wholegrain mustard	5g
Potato	200g

만드는 방법 recipe

❶ 치아바타 빵을 반으로 가르고 그릴에 구워준다.
❷ 양상추와 롤라로사는 깨끗이 씻어 물기를 제거해 준다.
❸ 토마토, 양파와 딜피클을 슬라이스해서 준비한다.
❹ 치아바타 빵에 홀그레인 머스터드를 바른 뒤 양상추를 깔고 양파, 토마토, 파르마햄을 올린 다음 체더 치즈를 올려 자연스럽게 치즈를 녹여서 마무리한다.
❺ 감자를 웨지(wedge)로 하여 삶은 후 오븐구이하여 준비하고 피클을 곁들여 마무리한다.

Ciabatta(치아바타)
치아바타는 이탈리아 말로 납작한 슬리퍼라는 뜻이다. 이스트를 넣고 반죽하여 올리브 오일을 발라 발효시킨 후 얇고 넓적하게 구워내는 이탈리아의 빵으로 쫄깃하고 수분이 적으며, 주로 치즈, 채소, 햄류 등을 넣은 샌드위치에 사용된다.

Bulgogi Sandwich
불고기 샌드위치

재료 목록

Rye bread	120g
Beef sirloin	80g
Onion	30g
Parsley	3g
Newagalic mushroom	10g
Head lettuce	20g
Emmental cheese	30g
Sweet pumpkin	30g
Mayonnaise	10g
Potato	200g

Bulgogi sauce

Soy sauce	100ml
Onion	50g
Garlic	10g
Sugar	20g
Seasami oil	5g

만드는 방법 recipe

❶ 호밀빵을 썰어 2쪽을 구워 준비한다.
❷ 간장을 이용하여 불고기 소스를 만든다.
❸ 쇠고기를 불고기 양념으로 마리네이드한 후 볶아준다.
❹ 단호박은 삶아 매시하여 마요네즈와 같이 섞어준다.
❺ 양파와 토마토는 링 슬라이스하고 새송이버섯을 0.2cm로 썰어서 구워놓는다.
❻ 호밀빵에 단호박마요네즈를 바른 뒤 양상추를 깔고 양파, 토마토 링을 깔고 새송이버섯을 놓고 불고기를 올리고 에멘탈 치즈를 올려 자연스럽게 치즈가 녹을 수 있도록 해주고 파슬리와 후추를 뿌려 마무리한다.
❼ 튀긴 감자를 곁들여 마무리한다.

what
and choose.
Good select for
a good life.

Club Sandwich
클럽 샌드위치

재료 목록

Toast bread	3pc	Bacon	60g
Mayonnaise	60g	American cheese	60g
Lettuce	60g	Chicken breast	60g
Onion	30g	Potato	150g
Egg	1ea	Tomato	120g
		Pickle cucumber	100g

만드는 방법 recipe

❶ 토스트빵을 구워 준비한다.
❷ 닭가슴살은 삶아 식혀, 토마토와 함께 얇게 썰고, 달걀 프라이를 하고, 베이컨은 구워 살짝 펴서 준비한다.
❸ 토스트한 빵에 마요네즈를 바르고, 양상추를 깐 뒤 구운 베이컨, 치즈, 토마토를 얹고, 다른 빵에는 양상추, 닭고기, 달걀 프라이, 토마토를 얹어 토스트를 위에 덮어 꼬치를 이용 샌드위치가 움직이지 않도록 한 후 식빵의 테두리를 제거하고 4조각으로 잘라 접시에 담는다.
❹ 샌드위치와 함께 감자를 곁들인다.

Tuna Sandwich
참치 샌드위치

재료 목록

Tuna	120g	Tomato	100g
Onion	80g	Head lettuce	60g
Cucumber pickle	60g	Mayonnaise	50g
Celery	60g	Potato	200g
		Rye bread	1ea

만드는 방법 recipe

❶ 참치 캔의 기름을 제거하고, 양파는 다져서 소금에 살짝 절인다.
❷ 셀러리와 피클은 곱게 다지고, 토마토는 슬라이스한다.
❸ 호밀빵을 샌드위치에 맞는 크기로 준비한다.
❹ 양파를 다져 소금에 절여 물기를 짜고, 피클, 셀러리도 다져 참치와 함께 마요네즈로 섞어준다.
❺ 호밀 샌드위치 빵에 양상추를 깔고 토마토를 놓고 참치 혼합한 것을 올려준다.
❻ 빵의 뚜껑을 덮어 접시에 놓고 감자 튀긴 것을 곁들여 마무리한다.

Tortilla Roll with Turkey and Ham

칠면조와 햄을 넣은 토르티야 롤

재료 목록

Flour tortilla	1pc	Smoked turkey breast	30g
Guacamole	80g	Head lettuce	60g
Sour cream	60g	Tomato slice	6pc
Cooked ham	30g	Jalapeno chopped	10g

만드는 방법 recipe

1. 토르티야를 그릴에서 굽는다.
2. 햄을 슬라이스하고 훈제 칠면조 가슴살을 저며썰어 준비한다.
3. 토르티야에 아보카도 소스와 사워크림을 바른다.
4. 토르티야에 양상추를 깔고 토마토를 놓고, 그 위에 칠면조 가슴살을 얹고 아보카도 소스와 사워크림을 바른다.
5. 다시 양상추를 깔고 토마토와 햄을 놓고 아보카도 소스와 사워크림을 놓고 절인 멕시코 고추를 넣은 후 둥글게 말아서 반으로 자른다.
6. 매콤한 웨지 감자를 튀겨서 곁들인다.

Tortilla(토르티야)
토르티야는 얇은 원 모양의 빵 종류로, 곱게 간 옥수수나 밀가루로 만들어진다. 유럽인들이 아메리카 대륙에 오기 전까지의 옥수수 토르티야가 원조이고, 스페인에 의해 밀이 들어오며 밀가루 토르티야가 개발되었다. 토르티야는 주로 고기와 곁들여져 요리되는데, 타코(tacos), 부리토(burritos), 엔칠라다(enchiladas : 옥수수 빵에 고기와 매운 소스를 넣은 멕시코 음식)가 대표적인 음식이다.

Dessert

디저트 Dessert

후식은 풀코스요리에서 마지막을 장식하는 요리로 프랑스의 데세르비르(Desservir)로 '치우다, 정돈하다'라는 뜻에서 유래하였다.
마지막으로 먹는 후식은 모양이 화려하고 산뜻한 맛을 주는 것이 특징이고 가급적 기름지거나 달지 않은 디저트는 피하는 것이 좋다.
후식은 과일류, 케이크류, 더운 후식(Hot Dessert), 찬 후식(Cold Dessert), 얼음과자(Ice Dessert)로 구분할 수 있다.

① 찬 후식(Cold Dessert) : 차갑게 먹는 후식을 말한다.

- 무스(Mousse) : 디저트의 꽃이라 할 정도로 가장 기본이 되는 후식
- 바바루아(Bavarois) : 젤리와 같이 젤라틴을 이용한 것으로 바바루아는 무스보다 부드러움이 덜하지만, 순한 풍미가 특징이다.
- 푸딩(Pudding) : 푸딩과 바바리안(바바루아)은 비슷하나 첨가재료가 다르고 푸딩은 주로 증기에 찌거나 오븐에 굽는다.

② 더운 후식(Hot Dessert)

뜨겁게 먹는 후식을 말하며 오븐이나 기름에 튀기는 방법 등이 있다.

- 핫 수플레(Hot Souffle) : 핫 수플레는 으깬 과일이나 크림에 머랭을 넣어 구운 것을 말한다.
- 그라탱(Gratin) : 과일에 사바용 소스를 곁들여서 오븐에서 색을 내는 것이다.
- 크레이프 수제트(Crepe Suzette) : 종잇장처럼 얇은 팬케이크의 형태로 주로 다양한 과일을 곁들임재료로 사용한다.

③ 서양식 디저트(빙과류)

- 파르페(Parfait) : 생크림과 양주 등을 섞은 크림반죽을 동결시켜 아이스크림을 만들어 컵에 층층으로 담아 과일소스를 곁들여 먹는 것이다.
- 셔벗(Sherbet) : 과일즙을 이용하여 만든 디저트로 달지 않고 뒷맛이 깨끗한 것이 특징이다.

Opera Cake
오페라케이크

재료 목록

Biscuit o joconde(비스퀴 조콩드)

Sugar powder	120g
Almond powder	140g
Weak flour	40g
Egg	4ea
Sugar	60g
Egg white	4ea
Butter	30g

Mocha butter cream

Egg yolk	5ea
Sugar	150g
Water	50cc
Butter	225g
Coffee essence	5ml

Ganache(가나슈)

Dark chocolate	200g
Fresh cream	200g

Glacage(글라사주)

Water	40cc
Glucose	20g
Sugar	70g
Fresh cream	20g
Cocoa powder	40g
Gelatin	6g
Nappage	50g

비스퀴 조콩드 recipe

❶ 슈거파우더, 아몬드파우더, 박력분을 체에 내려 고루 섞어둔다.
❷ 1에 달걀을 넣어 거품기로 섞는다.
❸ 흰자에 설탕을 넣어 머랭 70%로 만든다.
❹ 2에 3을 넣어 고루 섞는다.
❺ 190℃에 10분 정도 구워 식힘망에 옮긴다.

모카버터크림 recipe

❶ 노른자에 설탕을 넣어 크림화시킨다.
❷ 냄비에 설탕, 물을 넣고 118℃까지 시럽을 끓여 1에 조금씩 부어 거품기로 섞는다.
❸ 2에 버터를 조금씩 넣어 버터크림을 완성한다.
❹ 3에 커피에센스를 적당히 넣어 크림을 완성한다.

가나슈 recipe

❶ 다진 초콜릿에 끓인 생크림을 부어 유화시킨다.

마무리

❶ 비스퀴 조콩드를 3등분한다.
❷ 1에 시럽을 붓으로 충분히 바른다.
❸ 2에 크림-시트-가나슈-시트-크림 3단으로 완성하여 냉장고에 굳힌다.
❹ 3에 코팅 초콜릿으로 글라사주한다. 맨 위에 순금박을 올려준다.

Opera cake(오페라케이크)

프랑스의 초콜릿 케이크 역사로 볼 때 비교적 근대에 만들어졌다고 볼 수 있다.
비스퀴 조콩드라는 특수 반죽에 커피 풍미의 버터크림과 가나슈를 번갈아가며 쌓아가는데 제일 윗면에는 순금으로 화려한 장식을 한다. 파리 오페라극장 근처의 제과점에서 처음 만들었다고 하여 붙여진 이름이라는 얘기와 오페라극장의 모양과 비슷해서 붙여진 이름이라는 얘기가 있다.

Brownie
브라우니

재료 목록

Butter	110g	Vanillabean	5g
Sugar	150g	Walnut	100g
Salt	2g	Hazelnut	100g
Egg	2ea	Pistachio	50g
Chocolate	85g	Coconut long	100g
Weak flour	50g		
Coconut powder	15g		

만드는 방법 recipe

❶ 실온에 둔 버터를 크림상태가 되도록 거품기로 저어 풀어준다.
소금, 설탕을 넣고 거품을 올려준다.
❷ 1에 달걀을 3회 정도 나누어 연한 크림색이 될 때까지 크림화시킨다.
❸ 볼에 초콜릿을 담아 중탕시키고, 거품 오른 버터에 초콜릿을 넣어 골고루 혼합한다.
❹ 박력분, 코코아파우더, 바닐라파우더를 고루 섞어 덩어리가 없도록 체에 내린다.
초콜릿이 고루 섞인 버터에 거품이 죽지 않도록 주걱을 이용 위아래로 가볍게 고루 섞는다.
❺ 철판 크기에 맞도록 종이를 깔고 4의 반죽을 철판의 구석구석까지 반죽이 일정한 두께가 되도록 부어준다.
❻ 5의 윗면에 피스타치오 으깬 것, 헤이즐넛, 코코넛롱을 고르게 뿌려준다.
❼ 예열된 170℃의 오븐에서 25~30분 정도 구워 식힘망에 옮긴다.
빵칼로 조심스럽게 원하는 크기로 자른다.

Strawberry Millefeuille
딸기 밀푀유

재료 목록

Hard wheat flour	200g
Weak flour	200g
Butter	400g
Salt	8g
Water	140cc
Sugar	30g
Nappage	30g
Custard cream	300g
Fresh cream	100g
Frozen rubus strawberry	150g
Sugar powder	10g
Mint	2g

만드는 방법 recipe

❶ 밀가루에 중탕한 버터, 소금을 넣고 매끄럽게 반죽하여 냉장고에 20분 정도 휴지시킨다.
❷ 1의 반죽에 파이용 유지를 싸서 접기, 밀기를 3절 3회로 반복한다.
❸ 2를 2mm 두께로 밀어 오븐팬에 옮겨 190℃에서 25~30분간 구워 식힘망에 옮긴다.
❹ 적당한 크기로 재단한다.
❺ 볼에 커스터드크림과 생크림을 고루 섞어둔다.
❻ 파이-크림, 산딸기-파이-크림, 산딸기-파이 순으로 3단을 완성하여 슈거파우더 뿌리고 민트잎으로 마무리한다.

Millefeuille
1천 개의 잎사귀라는 뜻으로 여러 겹의 나뭇잎이 겹쳐 있는 듯한 모양의 과자를 이른다. 또한 어우러지는 각종 과일의 맛과 향도 함께 느낄 수 있다.
입 안에서 바삭하게 부서지는 파이의 맛을 느낄수 있다.

Sweet Potato Creme Brulee

고구마 크렘브륄레

재료 목록

Sweet potato	100g	Fresh cream	250ml
Egg yolk	2ea	Rum	10ml
Sugar	25g		

만드는 방법 recipe

❶ 팬에 생크림을 넣고 80℃까지 서서히 데운다.
❷ 달걀 노른자와 남은 설탕을 넣어 잘 섞은 후 데운 생크림과 골고루 섞는다.
❸ 고구마는 익혀서 체에 내려 2번의 크림과 섞고, 럼을 넣고 10분 정도 휴지시킨다.
❹ 오븐 볼에 3을 담아 물을 담은 중탕팬에 넣고 150℃에서 25~30분 정도 굽는다.
❺ 구워진 고구마 크렘브륄레를 식혀서 설탕을 뿌리고 토치로 색을 내어 완성한다.

Tiramisu
티라미수

재료 목록

Mascarpone	50g	Ladies finger biscuit	4pcs
Sugar	15g	Dark chocolate	20g
Eggs yolk	1/2ea	Chocolate stick	6g
Amaretto liquer	6ml	Cocoa powder	15g
Cognac	5ml	Mint	1ea
Coffee espresso	20ml		

만드는 방법 recipe

❶ 달걀 노른자, 설탕을 강하게 휘핑하고 마스카포네, 리큐어, 코냑을 첨가하여 크림을 만든다.
❷ 커피를 식혀서 비스킷을 적신다.
❸ 믹싱볼에 크림 1/3을 채우고 2의 비스킷에 커피 물을 살짝 짜내서 한 겹 깔고, 셰이빙한 초콜릿을 넣고 다시 크림을 채워 평평하게 한다.
❹ 먹을 때 코코아가루를 뿌리고 초코 스틱과 민트를 얹어서 제공한다.

Apple Tart Vanilla Ice Cream
사과타르트와 바닐라 아이스크림

재료 목록

Puff dough(1pc)	50g	Lemon juice	10ml
Apple slice(8pc)	80g	Vanilla powder	1g
Apple juice	50ml	Vanilla ice cream	60g
Brown sugar	20g	Sugar powder	2g

만드는 방법 recipe

❶ 설탕, 레몬주스, 사과주스를 넣고 농도에 맞춰서 졸인다.
❷ 썰어놓은 사과를 넣고 한 번 끓여준다.
❸ 준비된 Puff Dough에 사과를 올린다.
❹ 오븐에 갈색이 나도록 굽는다.
❺ 구워진 타르트를 접시에 담고 바닐라 아이스크림을 올려준다.
❻ 슈거파우더를 뿌려준다.

Crepe Suzette with Orange
크레이프 수제트

재료 목록

Crepe dough		Orange sauce	
Egg	1ea	Butter	30g
Water	90ml	Orange juice	100ml
Sugar	30g	Lemon juice	20ml
Salt	1g	Sugar	30g
Flour	70g	Grand marnier	10ml
Melted butter	20g	Lemon zest	5g
		Season fruits	150g

만드는 방법 recipe

❶ 크레이프 도우에 설탕, 밀가루, 정제버터, 소금, 달걀을 넣고 반죽하여 체에 걸러 팬을 이용하여 크레이프 도우를 얇게 만든다.

❷ 설탕을 팬에 둘러 은은하게 녹이고, 설탕이 연한 갈색이 되면 그랑 마니에르를 넣어 플람베하고 오렌지주스를 넣고 졸여준다.
레몬주스와 레몬 제스트를 넣어 과일을 넣고 마무리한다.

❸ 크레이프를 가지런히 놓고 과일을 넣어 만든 소스를 곁들여준다.

크레이프 수제트의 유래에 대하여

수제트란 말은 영국의 황태자 에드워드가 파티에서 궁궐 요리장 헨리 카펜터(Henry Carpenter)가 실수하여 급하게 응용하여 만든 크레이프 요리를 먹고 맛이 너무 진기해서 마침 파티에 참석한 수제트 여사의 마음을 사려고 그 부인의 이름을 따서 요리의 이름을 크레프 수제트라 명명했다고 한다.

Mango Strawberry Mousse
망고 딸기 무스

재료 목록

White sponge	200g
Choco sponge	200g

Strawberry mousse

Strawberry pure	250g
Whipping cream	500g
Gelatin	10g
Sugar	50g

Mango mousse

Mango pure	250g
Whipping cream	500g
Gelatin	10g
Sugar	30g

Syrup

Sugar	200g
Water	200ml

Coating

Orange pure	50g
Water	100ml
Sugar	60g
Gelatine	7g

만드는 방법 recipe

❶ 스펀지시트와 초코시트를 준비한다.
❷ 시럽을 준비하고 젤라틴을 불려놓는다.
❸ 딸기 퓌레를 냄비에 녹인 후 불린 젤라틴을 넣고 풀어준다.
냉각되면 80% 휘핑한 생크림과 가볍게 섞어준다.
❹ 망고 퓌레를 냄비에 녹인 후 불린 젤라틴을 넣고 풀어준다.
냉각되면 80% 휘핑한 생크림과 가볍게 섞어준다.
❺ 화이트 시트의 무스를 밑면에 놓는다. 시럽을 붓으로 바른다.
완성된 망고 무스를 채운다.
❻ 초코시트를 5의 크기에 맞게 재단하여 올리고 시럽을 붓으로 바른다.
딸기 무스의 윗면을 매끄럽게 마무리하여 올린 뒤 냉동실에서 완전히 굳힌다.
❼ 1인분으로 잘라 접시에 담아 마무리한다.

Strawberry Bavarois
딸기 바바루아

재료 목록

Egg	1ea	Gelatine	8g
Milk	60ml	Fresh cream	50ml
Sugar	20g	Strawberry syrup	10ml

만드는 방법 recipe

❶ 젤라틴을 찬물에 불리고 생크림을 휘핑해 놓는다.
❷ 우유를 중탕으로 데워 불린 젤라틴을 넣는다.
❸ 달걀 노른자를 설탕과 함께 고루 섞이게 휘핑한다.
❹ 젤라틴을 넣은 우유에 달걀 노른자와 휘핑크림을 천천히 섞으면서 딸기시럽을 넣고 반죽을 완성한다.
❺ 몰드에 반죽을 넣고 차게 굳힌 다음 접시에 담고 과일로 장식하여 마무리한다.

Caramel Pudding
캐러멜 푸딩

재료 목록

Egg	1ea	Mint leaf	1g
Milk	100ml	Strawberry	20g
Sugar	80g	Fresh cream	20ml
Carmel(sugar 80g)	60g		

만드는 방법 recipe

❶ 달걀 노른자에 설탕을 넣고 거품기로 섞는다.
우유를 데워(60℃) 달걀에 서서히 부어 섞은 후 체에 기포 없이 곱게 내린다.

❷ 물과 설탕을 이용 가열하여 꿀엿 정도의 농도로 캐러멜을 만들어 굳기 전에 푸딩컵에 2mm 정도의 두께로 넣어준다.

❸ 캐러멜을 넣은 푸딩 몰드에 커스터드 반죽을 8부 정도 넣고 푸딩 몰드의 2/3 정도 높이까지 찬물을 붓고 165℃의 오븐에서 35분 정도 굽는다.

❹ 오븐에서 꺼내 상온에서 식힌 후 냉장고에 보관했다가 접시에 담아 휘핑크림으로 장식하여 놓고 과일과 민트잎으로 가니쉬하여 마무리한다.

Banana Fritters
바나나 프리테

재료 목록

Banana	1ea	Cinnamon powder	5g
Sugar	60g	Mint leaf	2g
Egg	1ea	Banana ice cream	20g
Flour	100g	Choco syrup	10ml
Beer	50ml	Salad oil	1000ml

만드는 방법 recipe

❶ 바나나는 껍질을 제거하고 가로로 썰어 설탕을 뿌려놓는다.
❷ 믹싱볼에 체에 내린 밀가루와 노른자, 맥주를 이용하여 반죽을 하고 흰자를 휘핑하여 부풀게 하여 같이 섞어 튀김 반죽을 만든다.
❸ 기름 온도를 180℃로 하여 바나나에 반죽 옷을 입혀 튀긴다.
❹ 접시에 바나나 튀긴 것을 놓고 아이스크림과 함께 시럽과 시나몬 슈거파우더를 뿌려준다.

The Professional

T h e   P r o f e s s i o n

Western Cooking

W e s t e r n   C o o k i n g

부록

조리용어의 이해

Abaisser(아베세) : 파이지를 만들 때 반죽을 방망이로 밀어주는 것

Anchois(앙슈아) : 멸치(Anchovy)

Ail(아유) : 마늘(Garlic)

A la ~(알 라) : 풍의, 식을 곁들이다. (After the style or fashion)

A la king(알 라 킹) : 크림소스로 육류, 가금류 등의 요리를 만드는 것(Served in cream sauce)

A la mode(알 라 모드) : 어떤 모양의 형태(각종 파이류에 아이스크림을 얹어내는 후식)(in the style of)

A la vapeur(알 라 바푀르) : 찜요리(Steamed)

Anguille(앙기유): 뱀장어(Eel)

Andalouse(앙달루즈) : 1/4로 썬 토마토; 쥘리엔으로 썬 너무 맵지 않은 피망; 조리, 양념하지 않은 쌀밥; 약간의 마늘; 다진 양파와 파슬리에 초기름 소스를 넣어 양념한다.

A Point : 절반 정도를 익히는 것으로 자르면 붉은색이 있어야 한다. (Medium)

Arroser(아로제) : 볶거나 구워서 색을 잘 낸 후 그것을 찌거나 익힐 때 재료가 마르지 않도록 구운 즙이나 기름을 표면에 끼얹어주는 것

Assaisonnement(아세존망) : 요리에 소금, 후추를 넣는 것(Seasoning)

Assaisonner(아세조네) : 소금, 후추, 그 외 향신료를 넣어 요리의 맛과 풍미를 더해 주는 것(Flavor)

B

Bar(바르) : 농어(Sea bass)

Barbue(바르뷔) : 넙치의 일종(Brill)

Barde(바르드) : 얇게 저민 돼지비계

Barder(바르데) : 돼지비계나 기름으로 싸다. 로스트용의 고기와 생선을 얇게 저민 돼지비계로 싸서 조리 중에 마르는 것을 방지한다.

Battre(바트르) : ① 때리다, 치다, 두드리다. ② 달걀 흰자를 거품기로 쳐서 올린다.

Bavarois(바바루아) : 크림, 달걀, 젤라틴을 원료로 만든 것

Beignets(베네) : Fritter에 가까운 요리로 튀김요리와 비슷함. 과일에 반죽을 입혀서 식용유에 튀긴 것

Betterave(베트라브) : 비트(Beetroot), 사탕무

Beurrer(뵈레) : ① 소스와 수프를 통에 담아둘 때 표면이 마르지 않게 버터를 뿌린다. ② 버터라이스를 만들 때 기름종이에 버터를 발라 덮어준다. ③ 냄비에 버터를 발라 생선과 채소를 요리하는 방법

Bien cuit : 속까지 완전히 익은 상태[well-done(meat)]

Bisque(비스크) : 새우, 게, 가재, 닭 등을 끓여 만든 Soup

Blanc(블랑) : 1ℓ의 물에 한 스푼의 밀가루를 풀고 레몬주스 및 6~8g의 소금을 넣은 액체를 말한다. 아티초크, 우엉, 셀러리 뿌리 등의 채소 및 송아지의 발과 머리, 목살을 삶는 데 사용

Blanchir(블랑쉬르) : 재료를 끓는 물에 넣어 살짝 익힌 후 건져놓거나 찬물에 식히는 것. ① 채소의 쓴맛, 떫은맛을 빼거나 장기간 보존하기 위해 살짝 데친다. ② 흰 부용을 얻기 위해 1차로 고기나 뼈를 끓는 물에 데친다. ③ 베이컨의 소금기를 빼기 위해 잘게 썰어 데친다.

Blancmanger(블랑망제) : 밀크 콘스타치를 젤라틴으로 구운 것

Blanquette(블랑케트) : 흰색 스튜로서 삶은 송아지요리

Bleu(블뢰) : 색깔만 살짝 내고 속은 따뜻하게 하여 자르면 속에서 피가 흐르도록 하여 만드는 방법

Boors(부어) : 쇠고기와 채소로 만든 Soup

Bouchees(부셰) : 파이(Pie)에 한입에 먹기 쉽도록 새우, 조개류의 살을 조미해서 넣은 것

Braise(브레이즈) : 열로 찐(Braised)

Braiser(브레제) : 질긴 육류를 익히는 방법으로 팬(Pan)에 미르포아(Mirepoix)를 깔고 소스나 즙을 이용하여 오랜 시간 오븐에 천천히 익히는 방법

Brochettes(브로셰트) : 각종 고기를 주재료로 하여 채소를 사이사이에 끼워 굽는 석쇠구이

Cabillaud(카비요) : 대구(Fresh Cod)

Calmar(칼마르) : 오징어(Calamary Cuttle Fish)

Canapes(카나페) : 한입에 먹을 수 있는 구운 빵조각 위에 여러 종류의 재료를 사용하여 만든 안주

Canneler(카늘레) : 장식을 하기 위해 레몬, 오렌지 등과 같은 과일이나 채소의 표면에 칼집을 낸다.

Carpe(카르프) : 잉어(Carp)

Carrelet(카를레) : 가자미(Flounder)

Carte de jour(카르트 드 주르) : 오늘의 메뉴(Daily menu)

Cepe(세프) : 표고버섯(Shiitake mushroom)

Charlotte(샤를로트) : Finger 비스킷을 껍질로 하여 속에 우유를 넣어 차게 한 것

Chicken Broth(치킨 브로스) : 닭과 채소에 쌀·보리를 육수에 넣어 끓인 수프(Soup)

Chiffonnade(쉬포나드) : 가는 끈 모양으로 써는 것(채소, 양상추 샐러드에 사용(Designates)

Chiqueter(쉬크테) : 파이생지나 과자를 만들 때 작은 칼끝을 사용해서 가볍게 칼집을 낸다.

Chou(슈) : 양배추(Cabbage)

Chou-Fleur(슈플뢰르) : 꽃양배추(Cauliflower)

Chowder(차우더) : 조개, 새우, 게, 생선류를 끓여 크래커를 곁들여 내는 Soup

Clarifier(클라리피에) : 맑게 하는 것. ① 콩소메, 젤리 등을 만들때 기름기 없는 고기와 채소와 달걀 흰자를 사용하여 투명하게 한 것. ② 버터를 약한 불에 끓여 녹인 후 거품과 찌꺼기를 걷어내어 맑게 한 것. ③ 달걀 흰자와 노른자를 깨끗하게 분류한 것

Coller(콜레) : ① 젤리를 넣어 재료를 응고시킨다. ② 찬요리의 표면(피망, 젤리, 올리브 등)에 잘게 모양낸 장식용 재료를 녹은 젤리로 붙인다.

Consomme(콩소메) : 맑은 쇠고기 수프(Clear meat steak)

Concombre(콩콩브르) : 오이(Cucumber)

Compote(콩포트) : 과일의 설탕조림(Fruit stewed in syrup)

Cotelettes(코틀레트) : 고기를 얇게 썰어 옷을 입혀 굽는 것(Cutlet)

Coquilles(코키유) : 조개껍질을 이용하여 여러 가지를 넣어 볶은 것

Crepes(크레페, 크레이프) : 밀가루, 설탕, 달걀 등으로 만든 팬케이크의 일종

Crepe Suzette(크레이프 수제트) : 얇은 팬케이크(Thin French pancake)

Crepinettes(크레피네트) : 고기를 저며서 돼지의 내장에 싸서 구운 것으로 순대와 비슷함

Croquettes(크로켓) : 닭, 날짐승, 생선, 새우 같은 것을 주재료로 하는 것

Cru(크뤼) : 조리 안 된 생것(uncooked raw)

Creme de fromage(크렘 드 프로마주) : 치즈를 우유에 붓고 후추, 소금, 파프리카 등을 푸딩 관에 넣어 차게 한것

Cuit(퀴) : 거의 다 익히는 것으로 자르면 가운데 부분에 약간 붉은색이 있어야 한다. (Medium welldone)

Cuire(퀴이르) : 재료에 불을 통하게 하다. 삶다, 굽다, 졸이다, 찌다.

D

Daurade(도라드) : 도미(Sea-bream)

Decanter(데캉테) : 액체를 담은 그릇을 기울여 윗물을 다른 용기에 옮기는 것(Decanter)

Deglacer(데글라세) : 채소, 가금, 고기를 볶거나 구운 후에 바닥에 눌어붙어 있는 것을 포도주나 코냑, 마데이라주, 국물을 넣고 끓여 녹이는 것. 주스 소스를 얻을 수 있다.

Degorger(데고르제) : ① 생선, 고기, 가금의 피나 오물을 제거하기 위해 흐르는 물에 담그는 것. ② 오이나 양배추 등 채소에 소금을 뿌려 수분을 제거하는 것

Degraisser(데그레세) : 지방을 제거한다. ① 주스(Jus), 소스를 만들 때에 기름을 걷어내는 것. ② 고깃덩어리에 남아 있는 기름을 조리 전에 제거하는 것

Desosser(데조세) : (소, 닭, 돼지, 야조 등의) 뼈를 발라내다. 뼈를 제거해 조리하기 쉽게 만든 간단한 상태를 말함

Dessecher(데세쉐) : 건조시키다, 말리다. 냄비를 센 불에 달궈 재료에 남아 있는 수분을 증발시키는 것

E

Ebarber(에바르베) : ① 가위나 칼로 생선의 지느러미를 잘라서 떼는 것. ② 조리 후 생선의 잔가시를 제거하고 조개껍질이나 잡물을 제거하는 것

Ecailler(에카예) : 생선의 비늘을 벗기는 것

Ecumer(에퀴메) : 거품을 걷어낸다.

Effiler(에필레) : 종이모양으로 얇게 썰다. (아몬드, 피스타치 등을) 작은 칼로 얇게 썬다.

Egoutter(에구테) : 물기를 제거하다. 물로 씻은 채소나 브랑슈(branche)했던 재료의 물기를 제거하기 위해 짜거나 걸러주는 것

Emonder(에몽데) : 토마토, 복숭아, 아몬드, 호두의 얇은 껍질을 벗길 때 끓는 물에 몇 초만 담갔다가 건져 껍질을 벗기는 것

En brochette(앙 브로셰트) : 꼬챙이에 구워 만든 요리(Broilled and skewer)

En papillote(앙 파피요트) : 기름종이로 싸서 굽는 것(Baked in anoiled paper bag)

Enrober(앙로베) : 싸다, 옷을 입히다. ① 재료를 파이지로 싸다. 옷을 입히다. ② 초콜릿, 젤라틴 등을 입히다.

Eperlan (에페를랑) : 빙어(Smelt)

Escargot (에스카르고) : 달팽이(Snail)

F

Farce(파르스) : 잘게 다진 고기나 생선 종류를 채소에 넣는다.[Stuffing(Force meat)]

Filet(필레) : 고기, 생선의 허릿살 부분[A boneless loin cut of meat or fish)]

Fletan(플레탕) : 광어(Halibut)

Foncer(퐁세) : ① 냄비의 바닥에 채소를 깔다. ② 여러 형태의 용기 바닥이나 벽면에 파이의 생지를 깔다.

Fondre(퐁드르) : 녹이다, 용해하다. 채소를 기름과 재료의 수분으로 색깔이 나지 않도록 약한 불에 천천히 볶는 것을 말한다.

Fouetter(퀴에테) : 치다, 때리다. 달걀 흰자, 생크림을 거품기로 강하게 치다.

Fricasse(프리카세) : 고기나 가금류의 뼈를 뺀것 (Braised meats or poultry)

Fricassee(프리카세) : 주로 날짐승고기를 사용하여 크림을 넣고 찌는 것

Frotter(프로테) : 문지르다, 비비다. 마늘을 용기에 문질러 마늘 향이 나게 하다.

G

Glacer(글라세) : 광택이 나게 하다, 설탕을 입히다. ① 요리에 소스를 쳐서 뜨거운 오븐이나 샐러맨더에 넣고 표면을 구운 색깔로 만든다. ② 당근이나 작은 옥파에 버터, 설탕을 넣어 수분이 없어지도록 익히면 광택이 난다. ③ 찬요리에 젤리를 입혀 광택이 나게 한다. ④ 과자의 표면에 설탕을 입힌다.

Gratiner(그라티네) : 그라탱하다. 소스나 체로 친 치즈를 뿌린 후 오븐이나 샐러맨더에 구워 표면을 완전히 막으로 덮이게 하는 요리법

Griller(그릴러) : Broiler를 이용하여 불로 직접 굽는 방법(석쇠)

Griller(그리예) : 석쇠에 굽다. 재료를 그릴에 놓아 불로 직접 굽는 방법

Grilled(그릴드) : 고기를 굽는 방식(Grilled and broilled)

H

Habiller(아비예) : 조리 전에 생선의 지느러미, 비늘, 내장을 꺼내고 씻어놓는 것

Hacher(아셰) : (파슬리, 채소, 고기 등을) 칼이나 기계를 사용하여 잘게 다지는 것

Hors d'oeuvres(오르되브르) : 식사 순서에서 제일 먼저 제공되는 식욕을 촉진시켜 주는 전채요리

Huitre(위트르) : 굴(Oyster)

I

Ice Cream(아이스크림) : 유지방을 사용한 빙과

Incorporer(앵코르포레) : 합체(합병하다), 합치다, 밀가루에 달걀을 혼합하다 등등

J

Julienne(쥘리엔) : 채소를 실처럼 가늘고 길게 써는 것(Cut into thin strips)

L

Laitue(레티) : 상추, 양상추(Lettuce)

Lustrer(뤼스트레) : 광택을 내다, 윤을 내다. 조리가 다 된 상태의 재료에 맑은 버터를 발라 표면에 윤을 낸다.

Langouste(랑구스트) : 바닷가재(Rock lobster)

Lyonnaise(리오네즈) : 양파를 곁들임(with onions)

M

Manier(마니에) : 가공하다, 사용하다. 버터와 밀가루가 완전히 섞이게 손으로 이기다. (※ 수프나 소스의 농도를 맞추기 위한 재료)

Marengo(마렝고) : 닭을 잘라서 버터로 튀겨 달걀을 곁들인 요리

Mariner(마리네) : 담가서 절인다. 고기, 생선, 채소를 조미료와 향신료를 넣은 액체에 담가 고기를 연하게 만들기도 하고, 냄새나 맛이 스미게 하는 것

Marron(마롱) : 밤(Chestnut)

Maquereau(마크로) : 고등어(Mackerel)

Melba pain grille(멜바 팽 그리예) : 얇게 구운 흰색 빵(Melba toast)

Meretrice(메레트리체) : 대합(Clam)

Merlan(메를랑) : 명태(Whiting)

Minestrone(미네스트로네) : 이탈리아의 대표적인 Soup로서 각종 채소와 Bacon을 넣고 끓이는 Soup

Mijoter(미조테) : 약한 불로 천천히 오래 끓인다.

Mousse(무스) : 달걀과 크림을 섞어 글라스에 차게 한 것

Mouton(무통) : 성숙한 양(Agneau)

Mortifier(모르티피에) : 고기를 연하게 하다. 고기 등을 연하게 하기 위해 시원한 곳에 수일간 그대로 두는 것

Morue(모뤼) : 마른 대구(Salt-Cod)

Mouiller(무예): 적시다, 축이다, 액체를 가하다. (조리 중에) 물, 우유, 즙, 와인 등의 액체를 가하는 것

Moule(물) : 홍합(Mussel)

Mouler(물레) : 틀에 넣다. 준비된 각종 재료들(화르시 등)을 틀에 넣고 준비한다.

Mulet(뮐레) : 숭어(Mullet)

Oeuf(외프) : 달걀(Egg)

Oie(우아) : 거위(Goose)

Oignon(오뇽) : 양파(Onion)

Onion Gratin(어니언 그라탱) : 양파를 볶아 육수를 붓고 치즈를 곁들여 내는 수프

Ormeau(오르모) : 전복(Abalone)

Oursin(우르생) : 성게(Sea-Urchin)

P

Pailles au fromage(파유 오 프로마주) : 밀가루 + 우유 + Butter에 치즈를 섞어 얇게 밀어서 동그랗게 만 다음 썰어 오븐에 구워낸 것

Pain(팽) : 빵(Bread)

Paner(파네) : 옷을 입히다, 튀기거나 소테하기 전에 빵가루를 입히다.

Paner a'langlaise(파네 알글레즈) : (고기나 생선 등에) 밀가루 칠을 한 후 소금, 후추를 넣은 달걀물을 입히고 빵가루를 칠하는 것

Parmentier(파르망티에) : 감자요리

Parsemer(파르서메) : 재료의 표면에 체에 거른 치즈와 빵가루를 뿌린다.

Passer(파세) : 걸러지다, 여과되다. 고기, 생선, 채소, 치즈, 소스, 수프 등을 체나 기계류, 여과기, 시누아, 소창을 사용하여 거르는 것

Pate(파테) : 반죽같이 묵처럼 만드는 것(Pate)

Peach melba(피치 멜바) : 아이스크림 위에 복숭아조림을 올려놓은 것

Peler(플레) : 껍질을 벗기다. 생선, 뱀장어, 채소, 과일의 껍질을 벗긴다.

Petits Fours(프티 푸르) : 작은 케이크(Small pastry)

Pilaff(필라프) : 볶음밥 같은 것으로 쌀에 고기 등을 넣고 볶는 것

Piler(필레) : 찧다, 갈다, 부수다. 방망이로 재료를 가늘고 잘게 부수다.

Pincer(팽세) : 세게 동여매다. ① 새우, 게 등 갑각류의 껍질을 빨간색으로 만들기 위해 볶다. ② 고기를 강한 불로 볶아서 표면을 단단히 동여매다. ③ 파이 껍질의 가장자리를 파이용 핀셋으로 찍어서 조그만 장식을 하는 것

Piquer(피케) : 찌르다, 찍다. ① 기름이 없는 고기에 가늘게 자른 돼지비계를 찔러 넣다. ② 파이생지를 굽기 전에 포크로 표면에 구멍을 내어 부풀어 오르는 것을 방지하는 것

Pocher(포쉐) : 뜨거운 물로 삶다. ① 끓기 직전 액체에 삶아 익히는 것. ② 육즙이나 생선즙, 포도주로 천천히 끓여 익힌다.

Poeler(푸알레) : (냄비에) 찌고 굽다. 바닥에 깐 채소 위에 놓은 재료에 국물이나 액체를 가해 밀폐시켜서 재료가 가진 수분으로 쪄지도록 천천히 익히는 조리법

Pomme de Terre(폼드테르) : 감자(Potatoes)

Presser(프레세) : 누르다, 짜다. (오렌지, 레몬 등의) 과즙을 짜다.

Pudding(푸딩) : 밀가루, 설탕, 달걀 등으로 만든 젤리타입의 유동물질

Puree(퓌레) : 각종 채소를 삶아 걸쭉하게 만드는 것(Mashed)

R

Rafraichir(라프레쉬르) : 냉각시키다. 흐르는 물에 빨리 식히다.

Ragout(라구) : 스튜(Stew)

Raie(레) : 가오리(Skate)

Rissoler(리솔레) : 센 불로 색깔을 내다. 뜨거운 열이 나는 기름으로 재료를 색깔이 나게 볶고 표면을 두껍게 만든다.

Rissoles(리솔레) : 날짐승의 내장을 저며서 파이껍질에 싸서 기름에 튀기는 것

Roti(로티) : 굽다(Roast)

Rotir(로티르) : 로스트하다. ① 재료를 둥글게 해서 크고 고정된 오븐에 그대로 굽는다. 혹은 꼬챙이에 꿰어서 불에 쬐어가며 굽는다. ② 주로 큰 덩어리를 익히는 방법으로 오븐에

서 기름과 즙을 끼얹으면서 굽는다.

Roulet(룰레) : 닭(Chicken)

Roux(루) : 버터와 밀가루를 혼합하는 것(A mixture of butter or flour)

Roux blanc(루 블랑) : 밀가루와 버터를 대략 1:1 비율로 하여 불 조정을 잘하여 갈색이 되지 않도록 잘 볶는다. 주로 Soup에 많이 사용된다.

Roux blond(루 블롱) : 백색 Roux보다 조금 더 볶아 사용한다. 약한 브론즈 색이다.

Roux brun(루 브뢰) : 다목적 Roux로서 타지 않도록 주의해야 하며 주로 소스 만드는 데 사용된다.

S

Saignant(세냥) : Bleu보다 조금 더 익힌 것으로 자르면 피가 보이도록 해야 한다.(Medium rare)

Saisir(세지르) : 강한 불에 볶다. 재료의 표면을 단단하게 구워 색깔을 내다.

Sardine(사르딘) : 정어리(Sardine)

Saumon(소몽) : 연어(Salmon)

Saumon fume(소몽 퓌메) : 훈제한 연어

Saupoudrer(소푸드레) : 뿌리다, 치다. ① 빵가루, 체로 거른 치즈, 슈거파우더 등을 요리나 과자에 뿌리다. ② 요리의 농도를 위해 밀가루를 뿌리다.

Sauter(소테) : 팬(Pan)에 버터나 샐러드 오일을 넣고 강한 불로 짧은 시간에 볶아 익히는 방법. ① 달아오른 냄비에 기름을 넣고 채소를 잘 저어가며 볶는다. ② 붉은색의 쇠고기를 잘라 양쪽을 구워 색깔이 나게 한다. ③ 흰 고기(닭, 산토끼)를 볶거나 구운 뒤에 소량의 액체에 가볍게 익히거나 완전히 익히는 것을 말한다.

Sherbet(셔벗) : 과즙과 리큐어(Liqueur)로 만든 빙과

Souffle de fromage(수플레 드 프로마주) : 크림소스에 스위스 치즈나 가루치즈를 섞어 오븐에 구워낸 것

Table d'Hote(타블 도트) : 정식(과정의 요리)(Full course)

Terrine(테린) : 항아리에 넣어서 보관한 고기(Earthen ware crock)

Thon(통) : 다랑어, 참치(Tuna-fish)

Tomber a'beurre(통베 아뵈르) : (수분을 넣고) 재료를 연하게 하기 위해 약한 불에서 버터로 볶는다.

Tourner(투르네) : 둥글게 자르다, 돌리다. ① 장식을 하기 위해 양송이를 둥글게 돌려 모양 내다. ② 달걀, 거품기, 주걱으로 돌려서 재료를 혼합하다.

Tremper(트랑페) : 담그다, 적시다, 잠그다. (건조된 콩을) 물에 불리다.

Tripang(트리팡) : 해삼(Sea-Cucumber)

Trousser(트루세) : 고정시키다, 모양을 다듬다. ① 요리 중에 모양이 부스러지지 않도록 가금의 몸에 칼집을 넣어주고 다리나 날개 끝을 가위로 잘라준 후 실로 묶어 고정시키는 것. ② 새우나 가재를 장식으로 사용하기 전에 꼬리에 가까운 부분을 가위로 잘라 모양을 낸다.

Turbot(튀르보) : 유럽산 가자미(Turbot)

Vanner(바네) : 휘젓다. 소스가 식는 동안 표면에 막이 생기지 않도록 하며, 남아 있는 냄새를 제거하고 소스에 광택이 나도록 천천히 계속 저어주는 것

Veau(보) : 송아지(Veal)

Vin(뱅) : 포도주(Wine)

Zester(제스테) : 오렌지나 레몬의 껍질을 사용하기 위해 껍질을 벗기다.

References

참고문헌

김기영, 『주방 관리실무론』, 백산출판사, 2007.

김기영, 『외식산업관리론』, 백산출판사, 2011.

김동섭 외, 『현대 서양조리실무론』, 백산출판사, 2009.

김동일 외, 『서양조리』, 대왕사, 2008.

김미향, 『양식조리기능사』, 백산출판사, 2010.

김지응, 『식품위생 및 HACCP 실무』, 백산출판사, 2009.

배영희 외, 『식품과 조리과학』, 교문사, 2003.

박희준 외, 『서양조리』, 학문사, 2002.

안선정 외, 『조리원리』, 백산출판사, 2010.

안효기, 『디저트』, 교문사, 2010.

염진철 외, 『Basic Western Cuisine』, 백산출판사, 2010.

염진철 외, 『고급서양요리』, 백산출판사, 2004.

원홍석 외, 『호텔레스토랑 식음료서비스론』, 백산출판사, 2008.

윤수선 외, 『주방관리』, 백산출판사, 2010.

이권복, 『조리이론』, 동일출판사, 2009.

이두찬 외, 『Western Cooking 서양요리』, 교문사, 2010.

임성빈 외, 『맛있는 이탈리아요리』, 도서출판 효일, 2004.

진양호, 『만들기 쉬운 서양조리』, 지구문화사, 2009.

최수근, 『서양요리』, 형설출판사, 1993.

최수근, 『조리 실무론』, 대왕사, 2006.

최수근 외, 『고급서양요리』, 대왕사, 2008.

한국조리연구학회, 『Herb & Salad』, 형설출판사, 1997.

Profile

저자 프로필

이흥구

호남대학교 대학원 박사졸업
순천향대학교 대학원 석사졸업
노보텔 앰배서더호텔 근무
한국에스코피에요리연구회 책임연구원(ECA)
대한민국 조리기능장
한국산업인력공단 검정심사위원
현)서울현대전문학교 호텔외식계열 학부장

반택기

한성대학교 대학원 석사졸업
경희대학교 호텔관광대학 졸업
대한민국 조리기능장
2000서울국제요리대회 금상 수상
서울르네상스호텔 근무
현)고려직업전문학교 교수

이재상

대한민국 조리기능장
롯데호텔 조리팀 총주방장(제주 · 시그니엘 · 서울)
한국산업인력공단 기능사 · 산업기사 · 기능장 출제 · 심사 · 검토위원
기능경기대회 심사 · 검토 · 출제위원
대한민국 요리경연대회 심사위원
보건복지부, 행안부, 환경부장관, 국무총리상 수상
현) 경동대학교 호텔조리학과 교수

양동휘

경기대학교 일반대학원 외식경영학 박사
World Master Chef(유럽공인 조리기능장)
한국외식경영학회 부회장
한국조리협회 상임이사
지방기능경기대회, 국제요리경연대회 심사위원
대한민국조리국가대표 역임
현) 초당대학교 호텔조리학과 교수(실습과장)

미래의 스타 셰프를 위한
고급 서양요리

2014년 8월 25일 초 판 1쇄 발행
2020년 3월 30일 개정판 1쇄 발행

지은이 이흥구 · 반택기 · 이재상 · 양동휘
펴낸이 진욱상
펴낸곳 백산출판사
교 정 편집부
본문디자인 오정은
표지디자인 오정은

등 록 1974년 1월 9일 제406-1974-000001호
주 소 경기도 파주시 회동길 370(백산빌딩 3층)
전 화 02-914-1621
팩 스 031-955-9911
이메일 edit@ibaeksan.kr
홈페이지 www.ibaeksan.kr

ISBN 979-11-5763-248-0 93590
값 30,000원